探索未知　改变世界
科学大爆炸
海洋之歌
鲸

U0174822

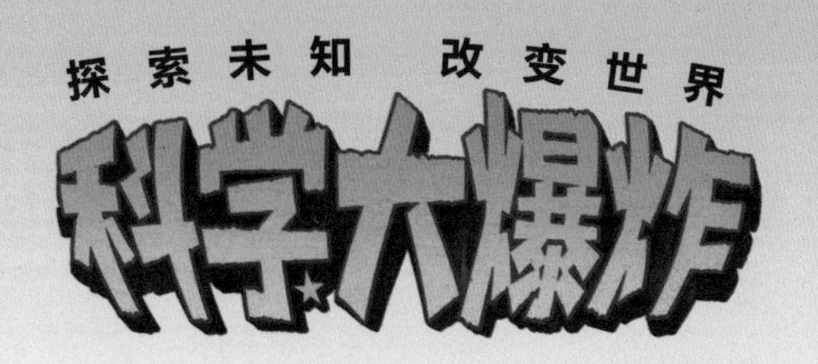

海洋之歌

鲸

[美] 卡塞伊·扎克洛夫 文 [美] 帕特·刘易斯 图
孙路阳 译

贵州出版集团 贵州人民出版社

本书插图系原文插图

版权合同登记号 图字：22-2022-041

审图号 GS京（2023）0282号

图书在版编目（CIP）数据

海洋之歌 ： 鲸 / （美） 卡塞伊 • 扎克洛夫文 ； （美） 帕特 • 刘易斯图 ； 孙路阳译. -- 贵阳 ： 贵州人民出版社，2023.5
（科学大爆炸）
ISBN 978-7-221-17563-2

Ⅰ. ①海… Ⅱ. ①卡… ②帕… ③孙… Ⅲ. ①鲸－少儿读物 Ⅳ. ①Q959.841-49

中国版本图书馆CIP数据核字（2022）第253578号

KEXUE DA BAOZHA
HAIYANG ZHI GE：JING
科学大爆炸
海洋之歌：鲸
［美］卡塞伊 · 扎克洛夫 文 ［美］帕特 · 刘易斯 图 孙路阳 译

出 版 人 朱文迅 **策 划** 蒲公英童书馆
责任编辑 颜小鹂 **执行编辑** 陈 晨 **装帧设计** 王学元 曾 念 **责任印制** 郑海鸥

出版发行 贵州出版集团 贵州人民出版社
地 址 贵阳市观山湖区中天会展城会展东路SOHO公寓A座（010-85805785 编辑部）
印 刷 天津睿和印艺科技有限公司（022-22287450）
版 次 2023年5月第1版
印 次 2023年5月第1次印刷
开 本 700毫米×980毫米 1/16
印 张 8
字 数 50千字
书 号 ISBN 978-7-221-17563-2
定 价 39.80元

前 言

我从小就梦想着成为一名四处探险的科学家，去无人踏足的地方，看没人见过的事物。小时候，我着迷于各种各样的水，我会一直躺在水里，直到手指泡得像皱巴巴的李子干。尽管我来自印度洋中美丽的热带岛屿——斯里兰卡，却不是在一个喜欢去海滩度假的家庭中长大的，我们不会做这样的事。然而，我家住在山顶上，每天上学的路上我都能看到大海。我知道海浪的下面一定潜藏着无数的秘密，我深信它不仅仅是一个巨大的蓝色水箱，只要我打开水箱的盖子往里看，就会发现通往魔法王国的大门。现在看来，我儿时的想法是对的。

在童年到大学的某个时候，一些事情触动了我，我恍然大悟，如果成为一名海洋生物学家，我就可以实现成为一名四处探险的科学家的梦想了。这个职业包含我想要的一切：冒险、科学和咸咸的海水。准备去上大学的时候，我很清楚要去研究什么：海洋和那里的许多未解之谜。想要实现这个理想，并不会一帆风顺。我生活的岛屿在美丽的热带地区，被称为印度洋上的明珠，但岛上的大多数人从来没有听说过海洋生物学家。在那里，和海洋打交道的人都是渔民，不是科学家或者环保人士，而我要告诉他们，我不仅想研究海

洋，还想保护它！
总之，我必须向大家证明自己。后来，我解开了一种独特的、居留型的蓝鲸种群的秘密，从那以后，人们才把我的话当回事儿。

我的第一项科学研究是关于抹香鲸的。我研究它们的声音，以及它们与大象的相似性。在我的国家，这两类动物恰好都有分布，我的大脑开始飞速地思索：这两类动物的群体都由雌性主导，成员包括祖母、母亲、阿姨和孩子；这两类动物都会照看和保护群体中的每个成员，不管它们的关系是否密切。你将在本书中见到的抹香鲸大头肯定是一头雄性个体，因为它不在群体中，而是独自在海洋中畅游。事实证明，这正是雄性抹香鲸和大象共同的典型特征，雄性个体一旦成年，就会脱离家庭单独活动，或者和其他雄性组成小群。

第一项研究让我非常确定要把一生献给鲸，尽管当时我从未见过它们。幸运的是，本科毕业后不久，我便有机会和它们长时间共处了。当时有一艘科考船在北印度洋上追踪抹香鲸，我是船上的一名普通水手（负责清洁厕所和抛光黄铜）。我们的船周围每天都有抹香鲸，从船上的扩音器里能听到它们发出的刺耳的声音，这让我更加渴望同这些神秘莫测的方头巨兽长期打交道了。直到我遇到了一群蓝鲸和一堆漂浮的鲸粪便。我相信没有多少人的职业生涯是从一堆粪便开始的，但我确实是。因为那是我的顿悟时刻，我的第一个针对北印度洋蓝鲸的长期研究项目就是在那一刻开始的。

我们回到现在。我做过很多事，尤其是关于蓝鲸和抹香鲸的，但每一件事都围绕着一个核心：保护。许多人认为我从事和蓝鲸有关的工作是因为它们非常迷人，实际上这只是部分原因。另一个原因是，我明白了它们对人类的生存有多么重要。蓝鲸在海洋深处进食，浮到海面上排泄。这些粪便非常多，可以产生相当大的能量，它们富含营养物质，是海洋的肥料，为浮游植物等提供养分。浮游植物漂浮在海洋表面，吸收阳光和营养，能通过光合作用制造氧气。你知道吗，我们呼吸的氧气有50%—70%是海洋中的植物产生的！我不是在为热爱这些粪便辩解，鲸的粪便对我们的生存真的很重要。

能把一生奉献给鲸让我实现了童年的梦想：去无人踏足的地方，看没人见过的事物。同时，这也让我有机会照顾鲸。这本书做的是类似的事情，只不过它针对更广泛的读者。任何人都能拿起本书，探索不同的物种、概念、空间和地区，它将吸引更多人进入海洋世界。

无论遇到什么挑战，我都对我的生活、冒险和我看到的荒野充满感激之情。

——阿莎·德·沃斯 博士
海洋生物学家和海洋教育家
斯里兰卡 Oceanswell 创始人，执行理事

①这里的UFO是unidentified floating object的简写，意思是不明漂浮物。

呼!
啊啊啊!

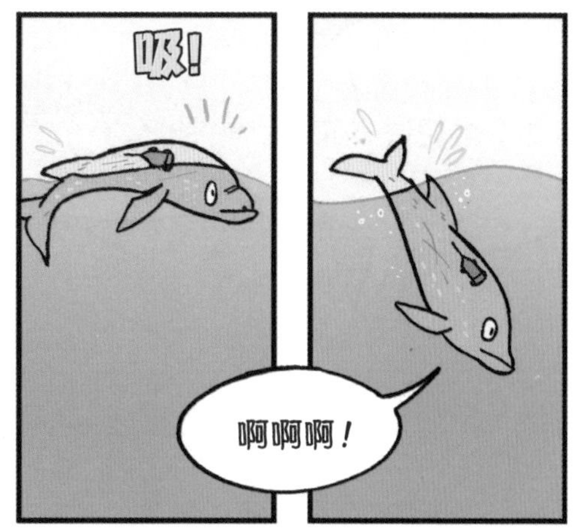
吸!
啊啊啊!

第一次碰到这样的事!我身上有个外星装置。谁来救救我?!
哼!

哦,你好?
哈!哈!哈!

哇!
你能帮帮我吗?我要变成外星生物了!
没有什么比这更奇怪的了。年轻的喙鲸,你被装上了一个水听器。
大个子
座头鲸
Megaptera novaeangliae

一个什么？
哦，顺便说一下，我叫可可。
很高兴认识你，亲爱的。大家都叫我大个子。
这个装置是一个水听器，是人类制造的一种水下麦克风。

人类？
是那些外星生物吗？他们为什么要在我身上装一个水听器呢？

当然是想听听你在说什么！也就是你发出的声音！

我只是一头普通的鲸，我根本没什么能让外星生物感兴趣的事情说。

别胡说，小伙子！你的声音是你身份的证明。

波是能量在物质中传递的一种形式。波的形成可以看作物质中的质点（比如分子）的振动过程。

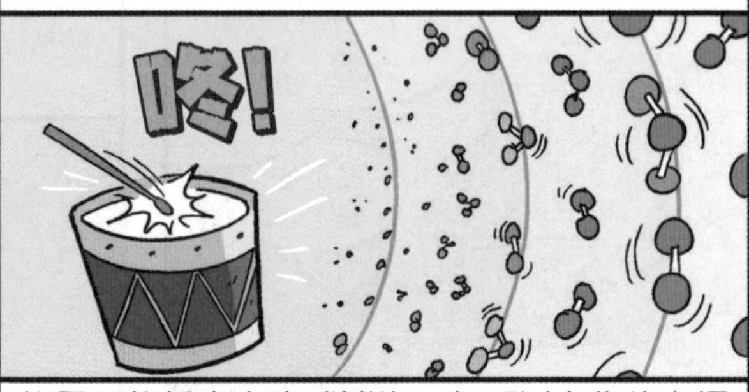

能量不能凭空产生或消失，但可以在物体之间传递。当获得的能量转化为动能时，分子会兴奋地动起来。

当一些分子振动时，它们撞击邻近的分子，并将能量传递给对方。

分子静止下来，直到波的下一部分通过这里。这个过程将不断重复，直到波完全通过或者能量被耗尽。

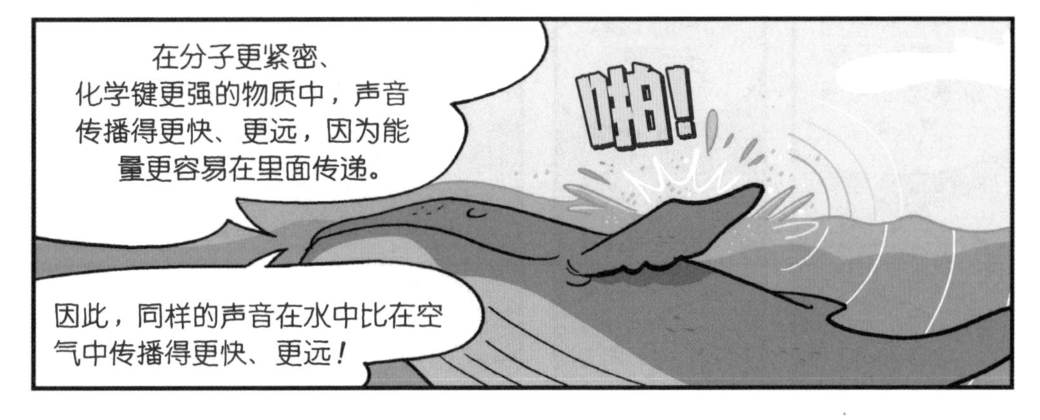

对于你们齿鲸来说，可以利用喉部组织的振动或让空气穿过呼吸孔下面的空腔，再经过一组声唇后发出声音。

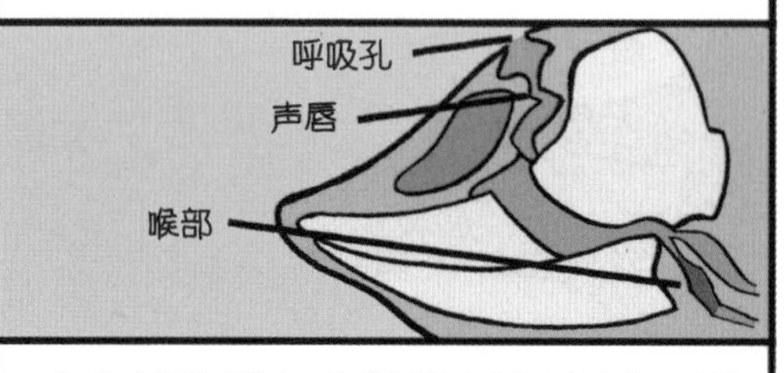

大多数种类的齿鲸有两组声唇，所以能同时发出两种不同的声音。

而我们须鲸并没有声唇。我们的喉部有一个囊，里面有一些带褶皱的组织，当气流通过时会振动。

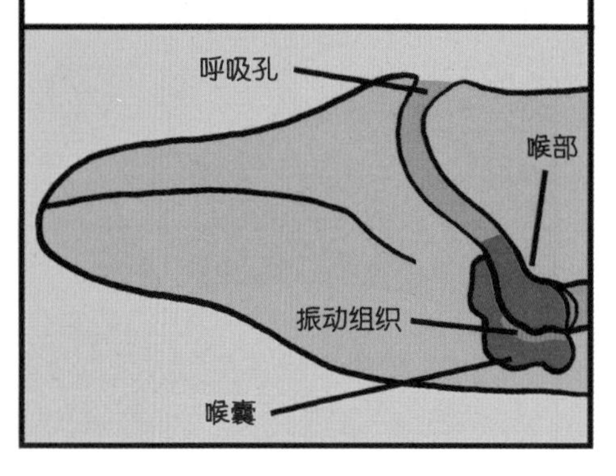

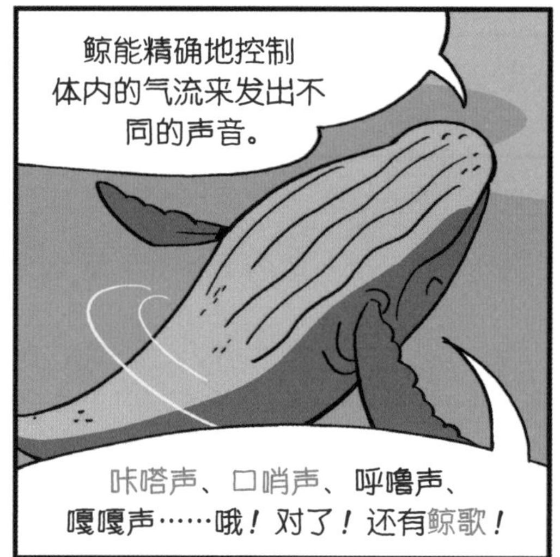

对不起，我有点震惊，才问你这么多问题。

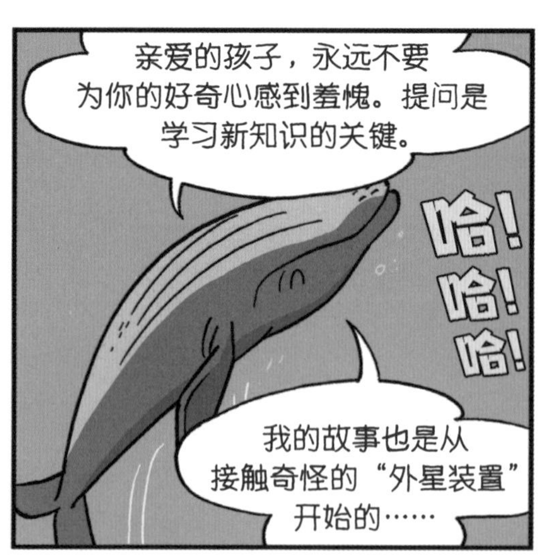

哈！哈！哈！
哎——哦——
哎——哦——

声音承载着大量的信息。
频率：以赫兹（Hz）为单位，它表示波在一秒钟内重复的次数。它决定音调的高低。

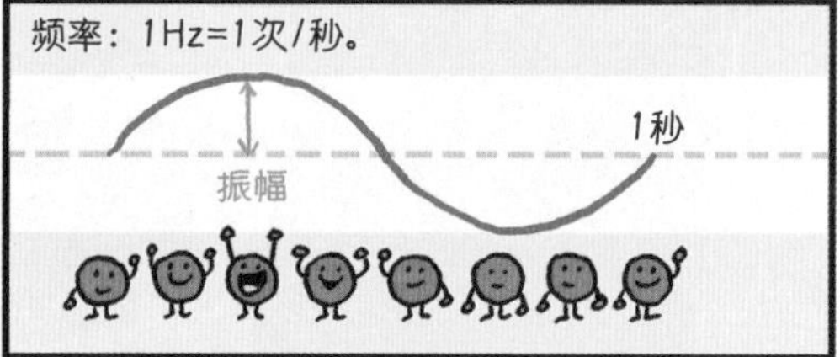

声波的高度是它的振幅，代表着声音的能量大小，或者说音量大小。

把所有的信息（也就是数据）放在一起，外星生物就能“画”出我们的声音，并进行观察，有时甚至能“画”出整首歌！

他们画出振幅（能量）的变化，并用明亮程度不同的颜色来表示。颜色越明亮，声音越大。图像的高度则代表频率（音调），然后根据声音出现的时间继续画下去。

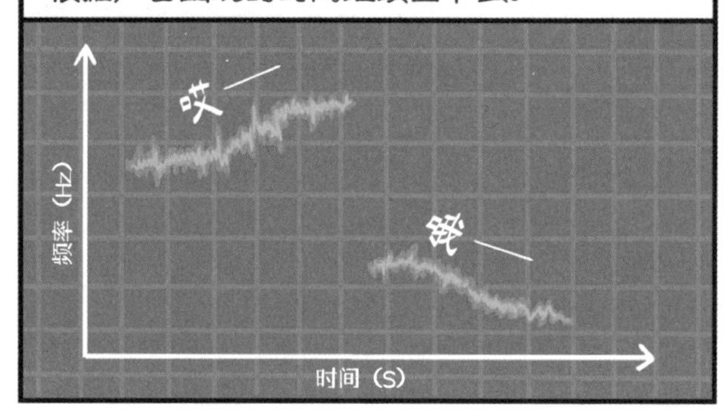

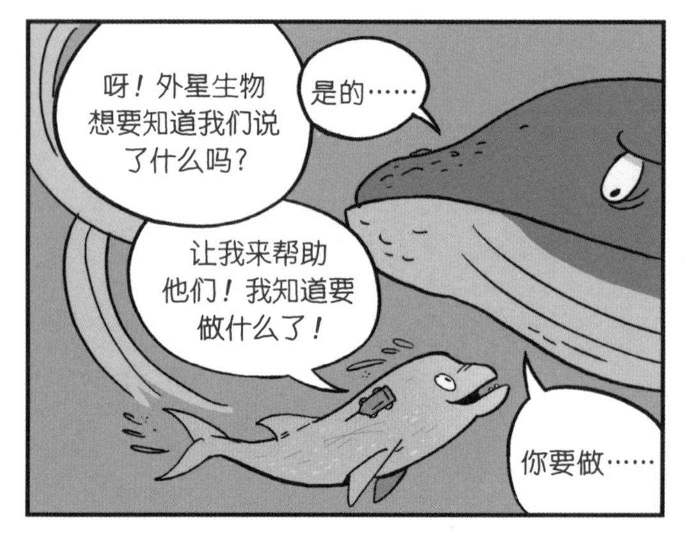

一个什么？
为外星生物录制鲸的声音！把我们鲸的声音汇集起来，变成一个为那些外星生物定制的音频节目。

这个想法不错，但是他们把水听器放在了你身上，你不觉得他们是想听听你的故事吗？
我……我没那么有趣……

不过，和你聊天感觉太好了！也许除了我们，其他鲸也和他们有过接触！我可以找其他鲸聊聊！

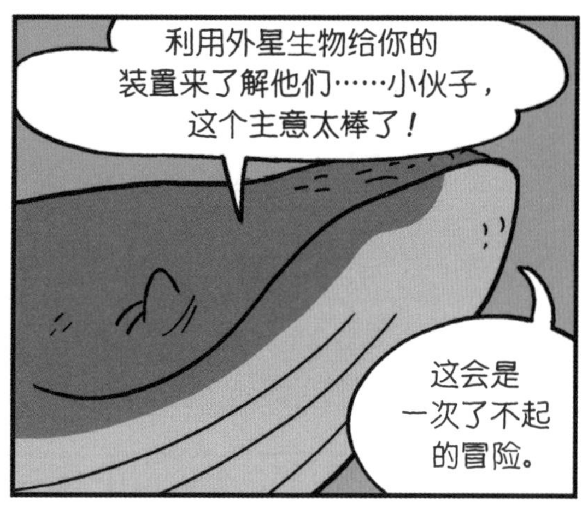
利用外星生物给你的装置来了解他们……小伙子，这个主意太棒了！
这会是一次了不起的冒险。

我有个主意，你可以先和那头鲸聊聊。
让我来召唤一下它……

嘭！

哇！
声音真大啊！

嗯，虽然小白住在北边，但它应该听得到，它肯定很愿意和你聊一聊。
白鲸们都是话痨。

吸溜！

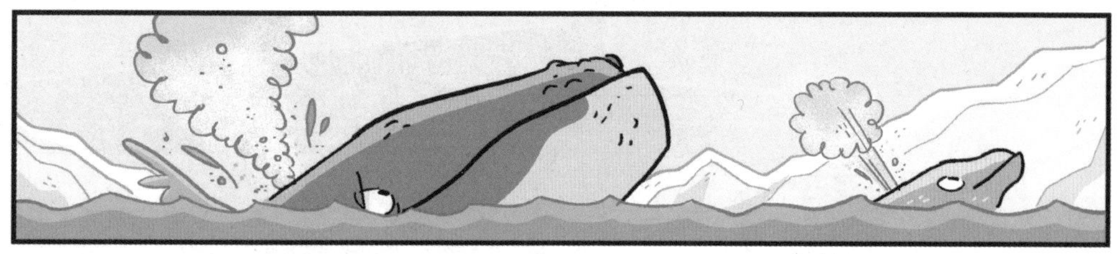

你们好啊！
小白
白鲸
Delphinapterus leucas

终于找到你了。
我已经跟着你的声音侦察了一段时间，密切地关注着你，然后我听到了大个子跃身击浪的声音。

哦，很好。
可可，这头迷人的白鲸是小白。小白，这头年轻的柯氏喙鲸想和……
你好，你见过外星生物吗？
嗯，是的，我被他们绑架过，而且……

我和可可是齿鲸，齿鲸通过下颌接收声音的振动，然后通过脂肪沉积物将它们传递到我们的耳朵里。

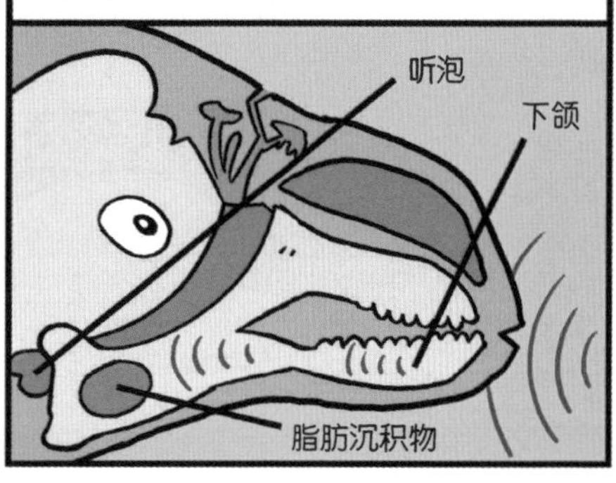

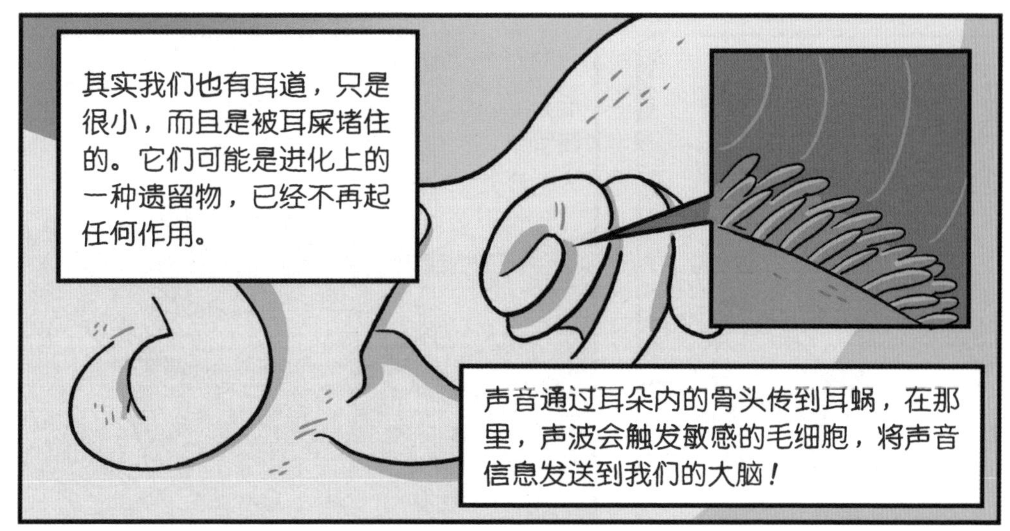

你们都说大个子和我们不一样，大个子，你听声音的方式和我们不一样吗？
须鲸更容易听到低频的声音，而齿鲸更擅长听高频的声音。我们须鲸可能是依靠颅骨的振动来听声音的。
我们并不清楚，这方面的研究比较少。

但我们怎么可能不知道呢？
可可，你觉得为什么发出和听到声音对鲸非常重要？

嗯……声音在水下能传播很远，而大个子跃身击浪的声音超级响……

鲸利用声音和其他伙伴交流！
即使距离很远也可以！

是的，亲爱的！而且不仅仅是用身体拍打海面，我们相互交流的发声方式有很多种。
唧唧！
滋滋！
叮！

须鲸擅长发出低频的声音，
这种声音很像呼噜声或者呻吟声。

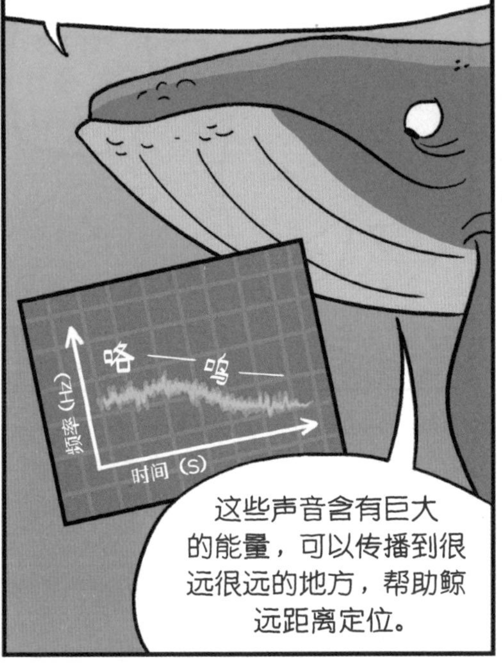

一些种类的雄性须鲸会按照某种模式把声音组合起来，连成更长的声音不断重复，称为“鲸歌”。

鲸在求偶期的“唱歌”次数比其他时候都多，但目前还不清楚这些歌的具体含义。

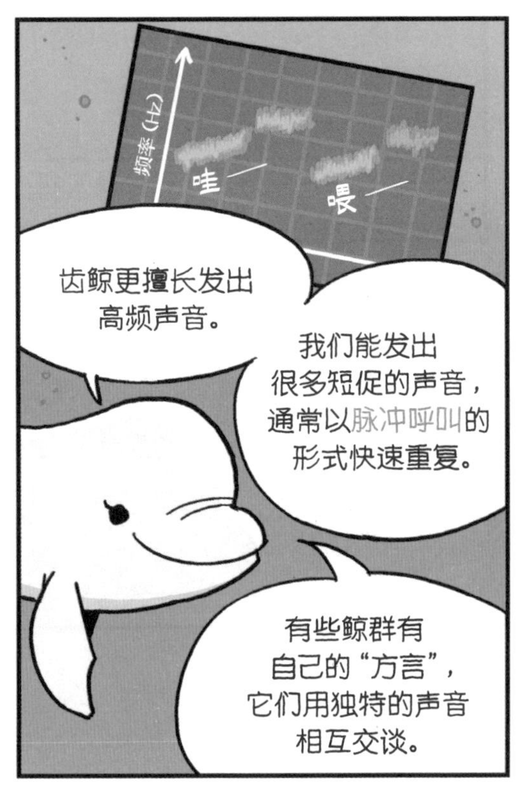

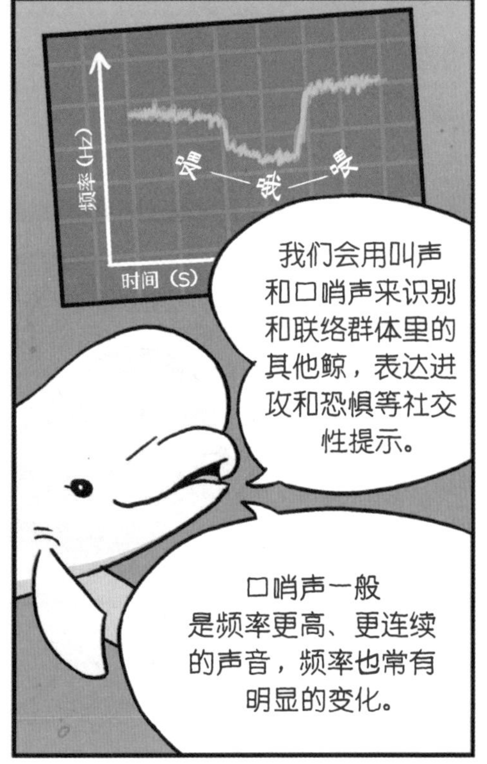

我们前额上的额隆能让我们的声音像手电筒的光束一样集中发射。

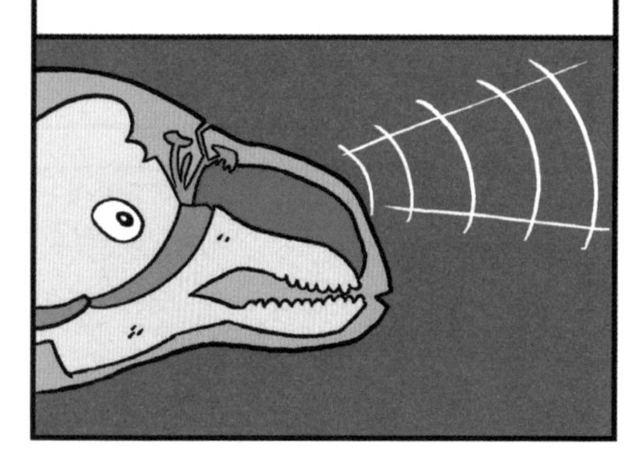

我们发出这些汇集起来的高频声波，声波碰到水中的物体后会反射，然后回到我们这里。

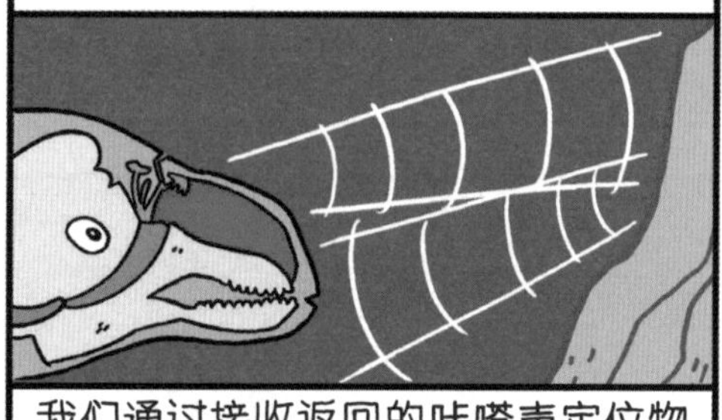

我们通过接收返回的咔嗒声定位物体，这就是回声定位！

对了，我认识一个
超级厉害的鱿鱼猎手，
你应该去采访它。
哇，
好棒！
我们快
去吧！

小伙子，你的冒险
之旅正式开始了，准备好
迎接未知的一切吧。
要多提问，
多听多学哦，
玩得开心。

它所在的海域
非常远，但我一直
想去那里看看！
你以前没去
过吗？周围变得越
来越冷了……

你确定我们能
找到它吗？
正常情况下不可能，
但现在比以前更暖和了，
海面的冰也更少了，所以
我觉得我们有
机会！

浮出水面时，我们用呼吸孔呼吸的行为叫作换气。

我们不能从呼吸孔喷水，但我们呼出的气是温暖而潮湿的，遇到头顶的冷空气时，会凝结成水蒸气，而呼吸孔周围残留的水也会被一起带到空中！有点像你冬天哈出的气。

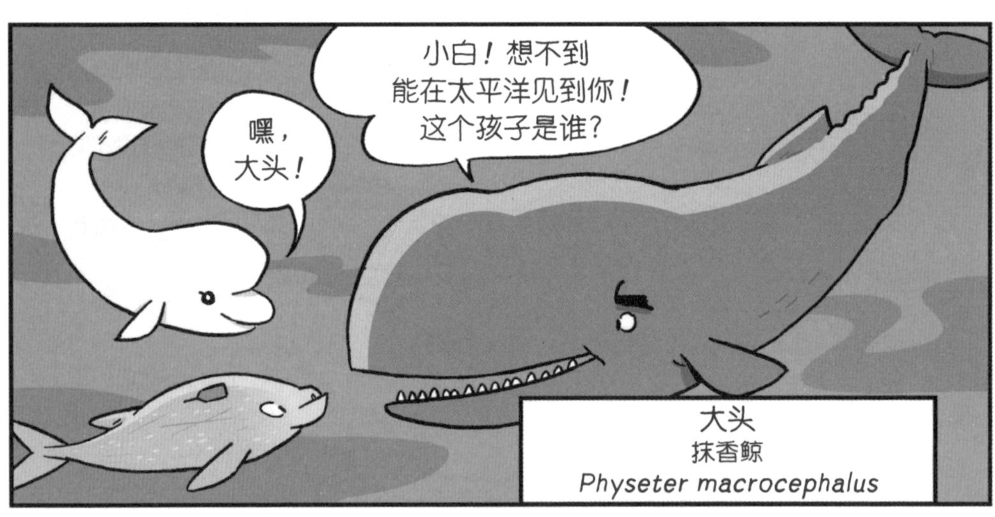

大头
抹香鲸
Physeter macrocephalus

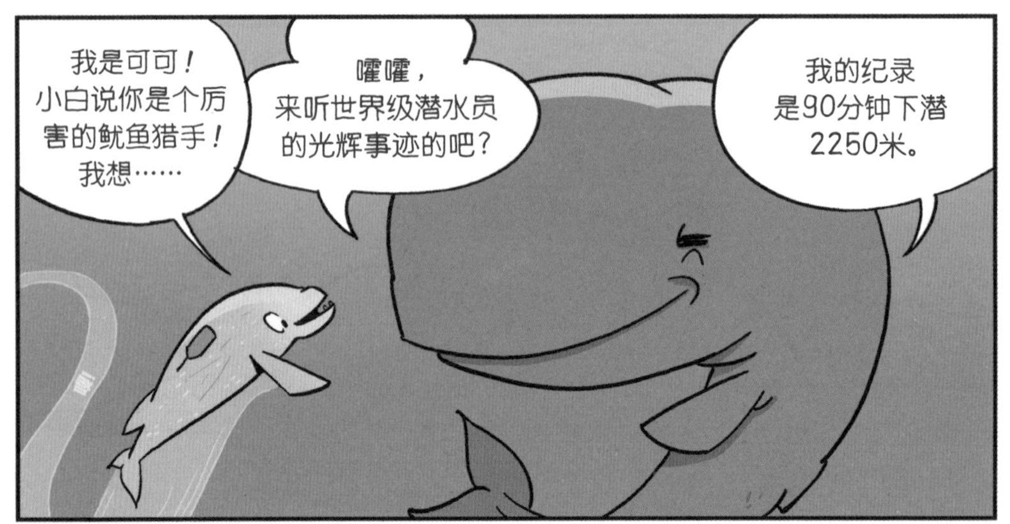

孩子，你要知道，呼吸孔就是我们的鼻孔。这就是鲸呼吸的方式。

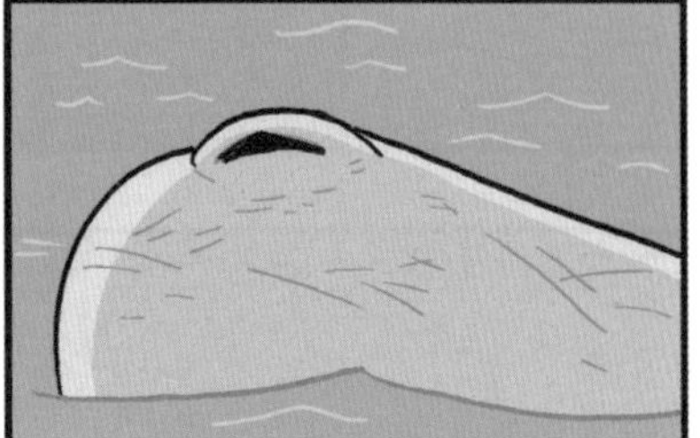

水和食物无法通过这里，只有空气能出入。

空气通过呼吸孔进入我们的发声结构和喉部，然后再通过气管进入肺部。

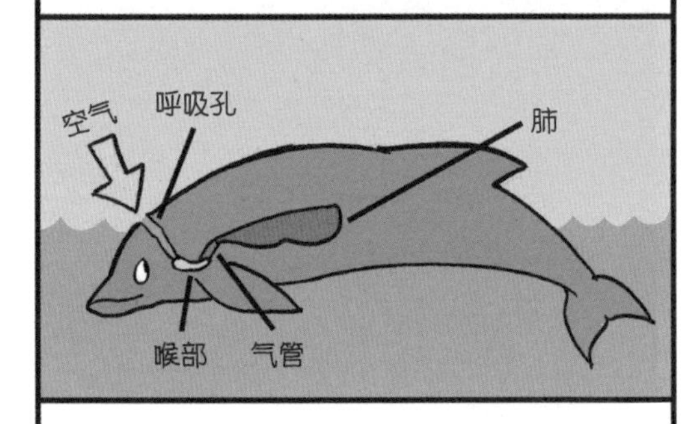

一旦空气进入体内，我们就能控制空气，通过推动空气发出各种声音。

肺将空气中的氧气与血液中的二氧化碳进行交换。我们的血液富含一种蛋白质，叫血红蛋白，它将氧气输送到肌肉中，储存在另一种叫肌红蛋白的蛋白质中。我们鲸的体内有非常多的肌红蛋白！

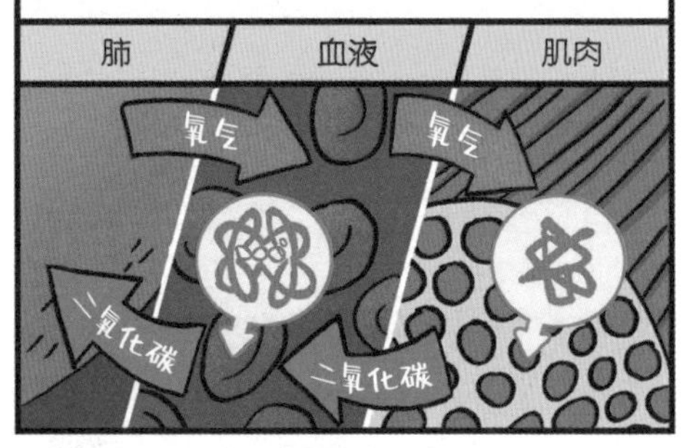

噗！
吸！
噗！
吸！
噗！

这个换气做得非常棒，最关键的是要把肺里的空气排干净。
浮力越小，越容易下沉。

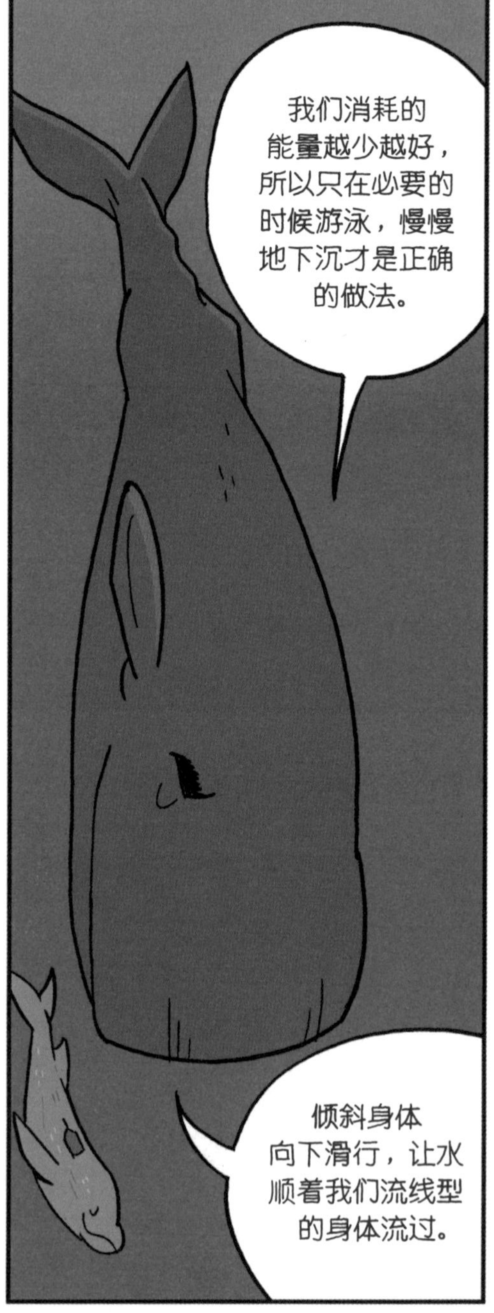
我们消耗的能量越少越好，所以只在必要的时候游泳，慢慢地下沉才是正确的做法。
倾斜身体向下滑行，让水顺着我们流线型的身体流过。

在海洋中下潜越深，压力越大，因为有更多的水在上方挤压着你的身体。

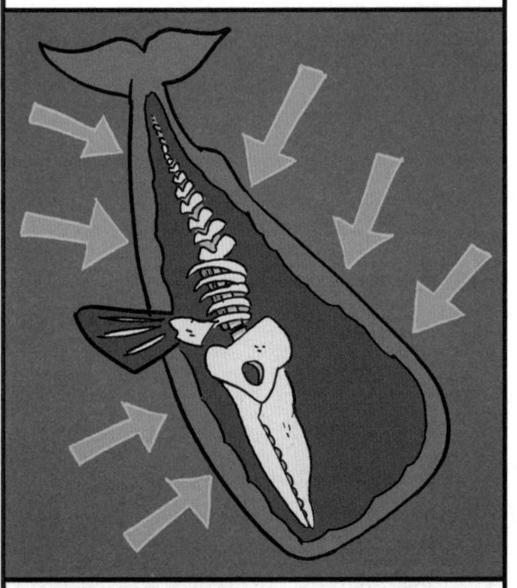

在压力的作用下，我们的肋骨会收紧，肺部会变小。

我们的身体外面包裹着一层厚厚的脂肪，叫作鲸脂，它可以隔热，可以保暖。

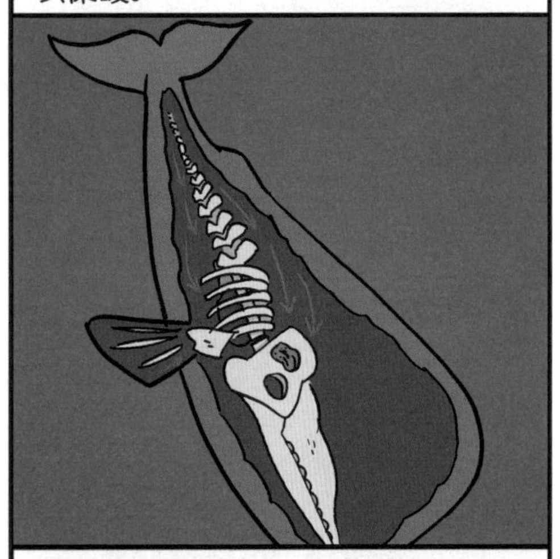

血液进入我们的肌肉和大脑中以保存热量和氧气。下潜的过程中，我们的心率会减慢，还会关闭体内暂时用不上的系统，比如消化系统。

外星生物当时
在做什么？
大概是拍
我们睡觉时候
的照片吧。
他们很少见过我们睡觉，
所以感觉很有趣。

一个小时候一直照顾我的
阿姨身上也有一个跟你这
个很像的“外星装置”。
咔嗒！咔嗒！
咔嗒！
我猜那应该是
一台摄像机。
做什么
用的呢？

当然是为了
了解我们潜水和捕
猎的秘密了。
咔嗒！
咔嗒！
咔嗒！

我捉到了！
吸溜！
很好，
孩子……

别太骄傲哦！
噗!

天哪！
你是怎么吃
下那么大的
东西的？！
我用下颌上圆锥状的
牙齿咬住并撕裂它们！然后把
这些碎片直接吞下去。我们齿
鲸不需要咀嚼。

我都是把食物
吸进去的，感觉我的
牙齿只是个摆设。
到底什么是
齿鲸？

就是有
牙齿的鲸，你、
小白，还有我
都有牙齿。

哦！这就是
我们和大个子不一
样的地方之一！

跟我来，
孩子……
我们上去吧。

孩子，做得很好，你都下潜过多深？
我的深度纪录为2992米左右。
还有一次我下潜了3.5小时呢！

嚯嚯，你真是个专家啊！那你说说为什么我们上浮的时候要很小心。

嗯，可以！
因为我们不想得减压病。

如果我们上浮过快，压力会快速降低，导致血液中形成气泡，阻塞血液流动，损害身体器官。

我们鲸的消化系统和呼吸系统是分开的。大多数时候，食物是被我们整个吞下的，然后通过食管进入胃的第一个腔室。在那里，食物被暂时储存起来等待消化。

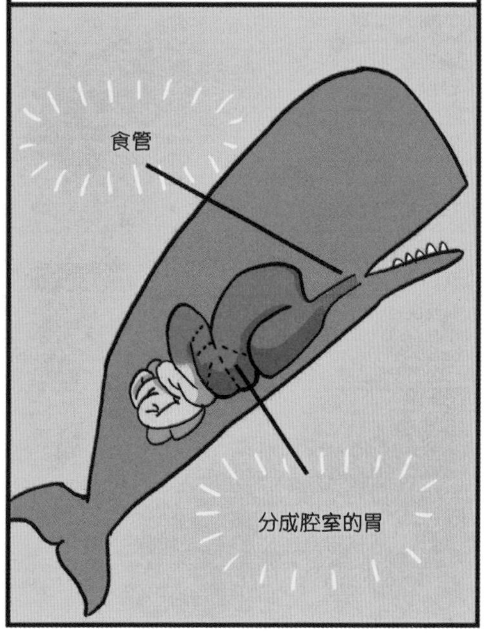

食物在前胃中被简单地分解，然后进入主胃，被酸分解，再经过其他腔室的处理，最后进入肠道，其中的营养物质会被吸收。

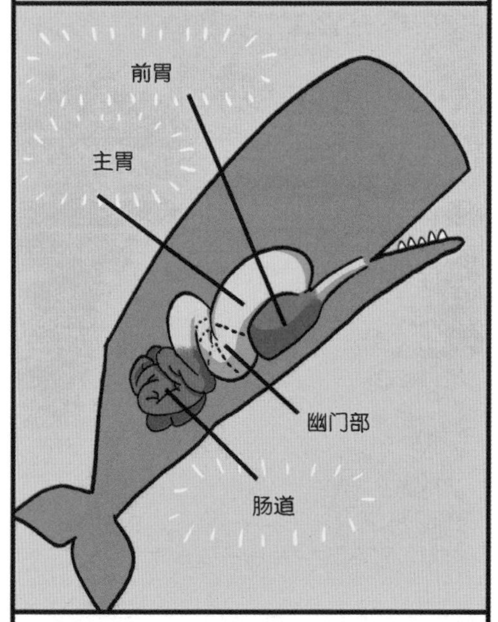

无法消化的东西我们通常会从口中吐出或者从肠道排出，比如鱿鱼的角质喙。

噗！
好的，孩子，
现在呼出二氧化碳，
吸入氧气。

在我们恢复的
时候，我可以告诉
你我……
噗！
快速移动

你好，我是
可可，你在做
什么？
你好，我是露，
我……只是在
寻找食物。
露
北太平洋露脊鲸
Eubalaena japonica

哦，
你也用回声
定位吗？

不，我们须鲸并不这么做。
我们通常利用感官能力
来寻找食物，比如嗅觉。我在
追踪一些鱼群，通过倾听声音
感知它们的位置……

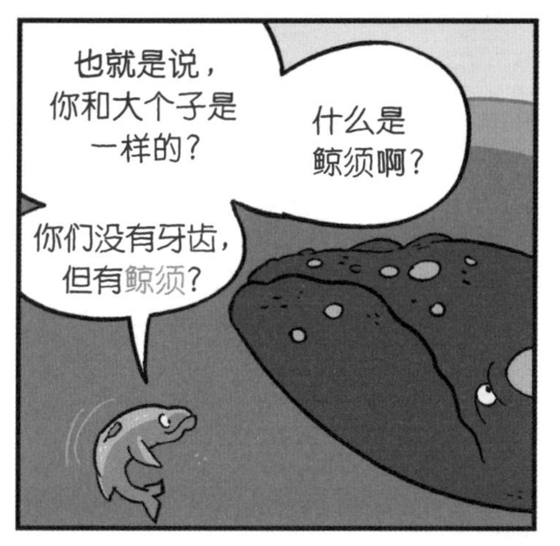
也就是说，
你和大个子是
一样的？
你们没有牙齿，
但有鲸须？
什么是
鲸须啊？

鲸须是我们用来过滤食物
的角质板，和人类的头发一样，
它的主要成分也是角蛋白。

你为什么问我这么多问题？
哦，我正在
做一个播客，
采访那些同外
星生物有过接
触的鲸。

这样啊，
我曾经见过
一个UFO！

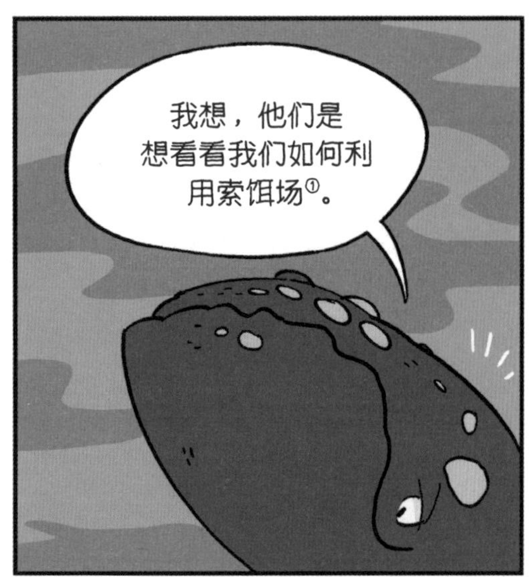

我主要吃桡足类动物，它们大多是浮游动物。浮游动物是在水中漂流的微小动物。

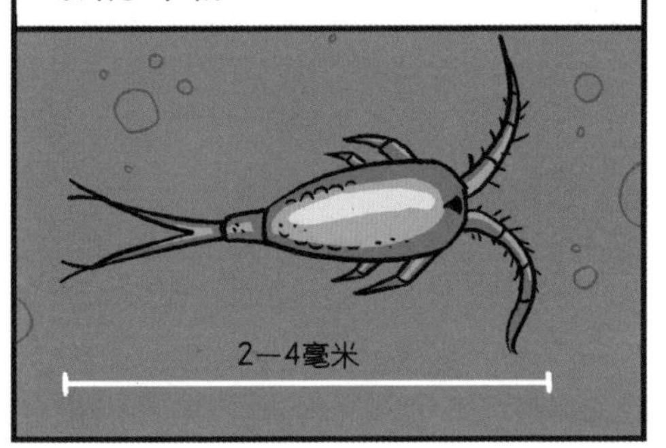

其他种类的须鲸专门吃浮游动物或小鱼，甚至鱿鱼。但即使我们有特定的目标，吃下去的食物也常常是混合的。我们的饭量很大哦。

其中，磷虾是最重要的食物，整个南极生态系统都依赖它们。南极简直就是磷虾的天堂啊！

①一些水生生物集中起来觅食、增长体重的地方。

我只需要在游泳的时候
张大嘴巴，将海水和桡足类
动物一起吞进嘴里。

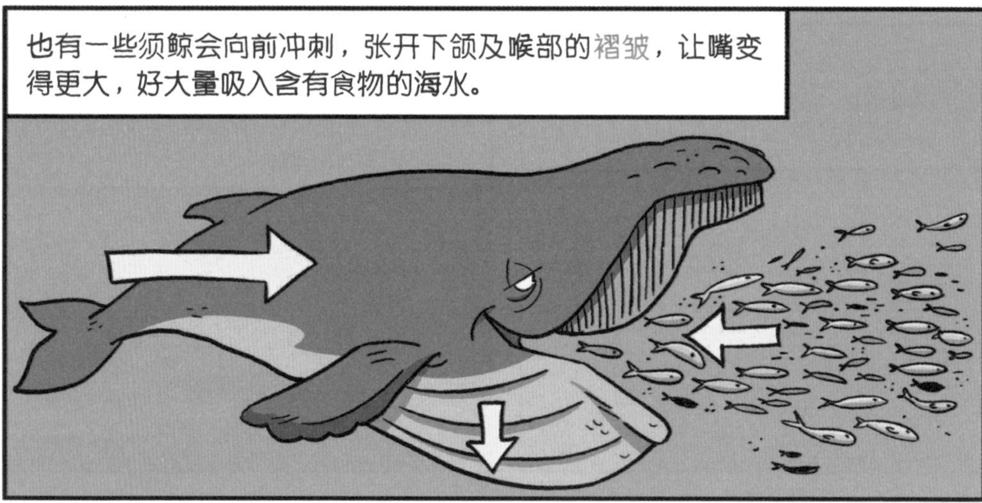
也有一些须鲸会向前冲刺，张开下颌及喉部的褶皱，让嘴变
得更大，好大量吸入含有食物的海水。

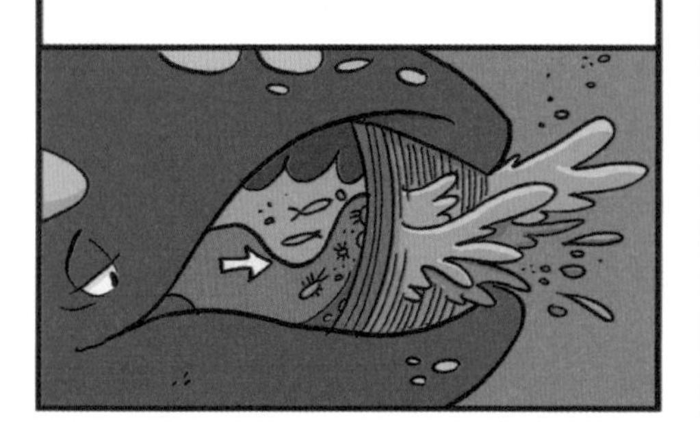
一旦嘴里被填满，我们便用舌头
把海水顶向鲸须，食物被鲸须阻
挡，而水会从缝隙排出。

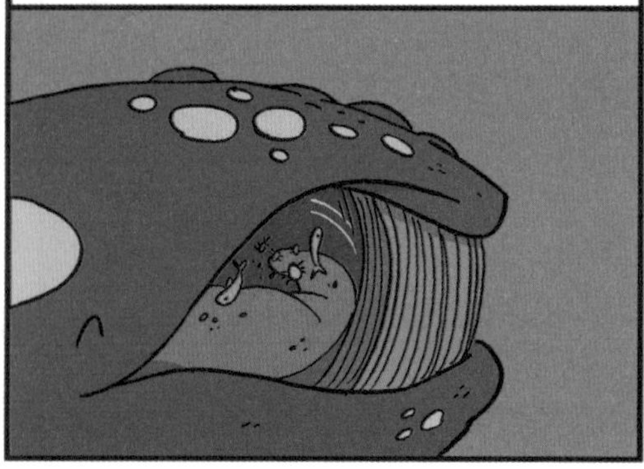
然后我们把食物从鲸须上刮下来吃掉，
这就是滤食，很简单的。

这能喂饱
像你和大个子这么
大的鲸吗？

我们必须吃
很多食物，每天大约
需要1180千克！
从食物中获取
的能量让我们长
得巨大无比。

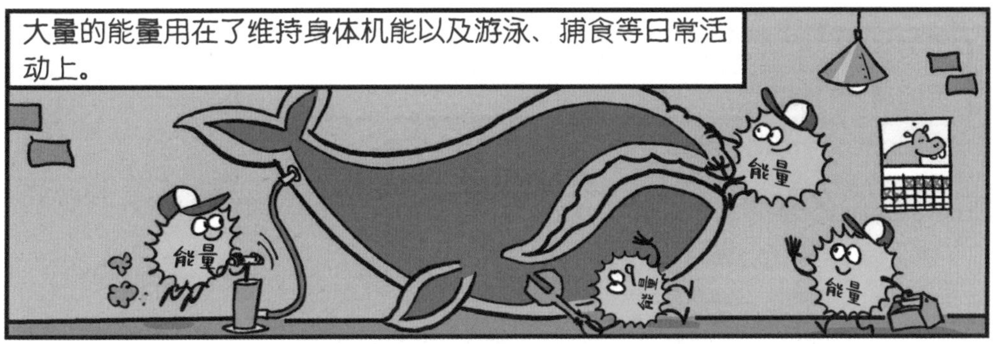
大量的能量用在了维持身体机能以及游泳、捕食等日常活
动上。
能量
能量
能量
能量

像你这样年轻的鲸需要很多能量来长身体。
能量

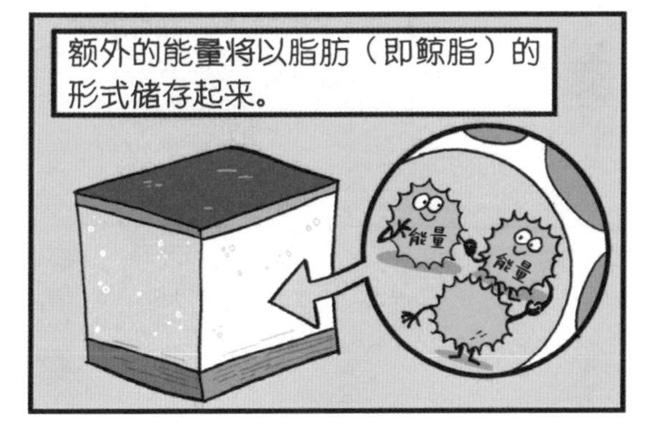
额外的能量将以脂肪（即鲸脂）的
形式储存起来。
能量
能量
能量

我一直以
为鲸脂只
是用来保
暖的。
除了保暖之外，脂肪
还能提供一些浮力，
让我们不会下沉得那
么快。但它的主要功
能是储存能量。

鲸需要很多
能量，在海里生活
可没那么容易。
什么？
为什么？

我们游泳的时候会消耗大量的能量。
紧跟
能量
能量
能量

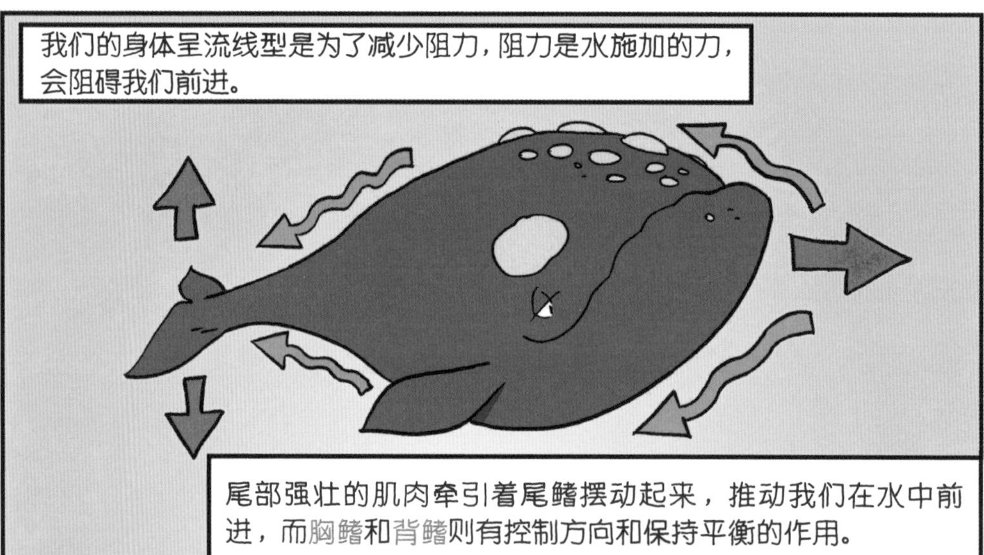
我们的身体呈流线型是为了减少阻力，阻力是水施加的力，会阻碍我们前进。
尾部强壮的肌肉牵引着尾鳍摆动起来，推动我们在水中前进，而胸鳍和背鳍则有控制方向和保持平衡的作用。

哦！
获取食物
是非常重
要的，对
吧？
所以鲸才
成为非常优秀
的猎手。

鲸有时
还会齐心协力
围捕猎物。

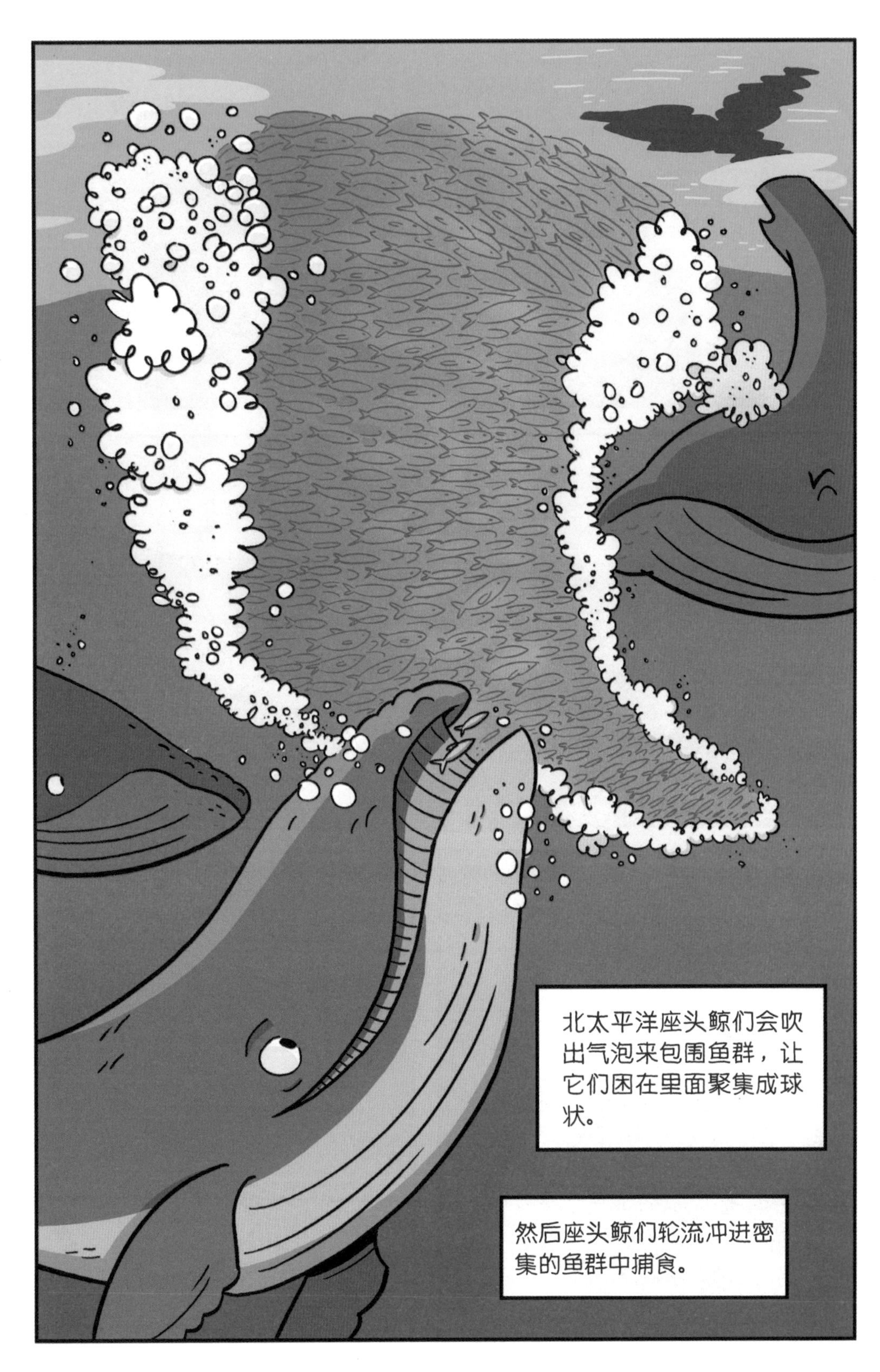
北太平洋座头鲸们会吹出气泡来包围鱼群，让它们困在里面聚集成球状。
然后座头鲸们轮流冲进密集的鱼群中捕食。

哦……
我从没想过我
们是猎手，我一
直以为我们很
温柔。
所有的鲸都是
食肉动物，我们都会
捕食某些动物。

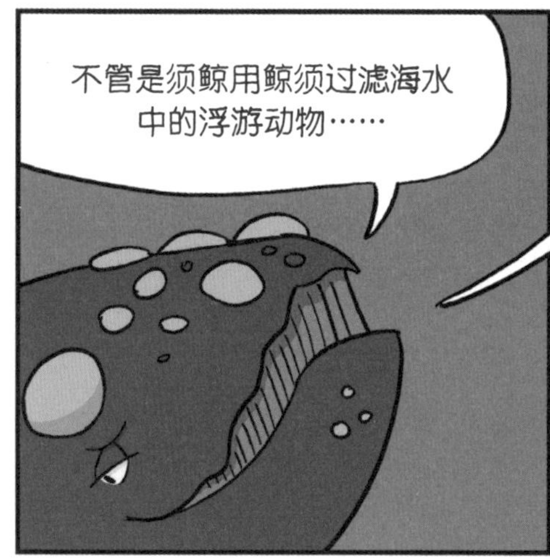
不管是须鲸用鲸须过滤海水
中的浮游动物……

还是齿鲸用牙齿或吸力
捕获猎物。
吸溜！

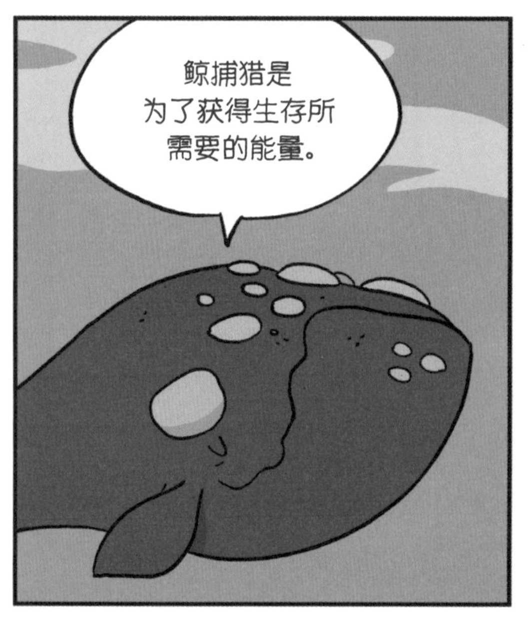
鲸捕猎是
为了获得生存所
需要的能量。

一些鲸甚至会
捕食其他鲸。
噗！
什么？！

是啊，那群鲸
就是这样。
哦，我们应该
和它们聊聊！
可以吗？
嗯……好的，
走吧。

嘿，你们好，我是可可！
我……我正在做一个播客……
需要采访各种鲸。
你们好，了……
了不起的虎鲸们！
我是露，先说明一
件事，我……我不
怎么好吃。
伊
虎鲸
Orcinus orca
你们好，年轻人，
我叫伊，是这个族群
的女首领。
嘿！
你好！
嘿！

嗯，那……
那传闻是真的吗？
你们真的会吃其他
鲸吗？
有些虎鲸
会的。

有些虎鲸会捕
食海豹，有些会吃企
鹅，有些甚至会捕猎大
型鲨鱼，但我们中的大
多数会吃鲑鱼。

虎鲸是食物网中的顶级捕食者。我们吃鲑鱼；鲑
鱼吃更小的鱼；这些小鱼吃其他小鱼和无脊椎动
物；小鱼和无脊椎动物吃浮游生物，例如藻类和
浮游植物。

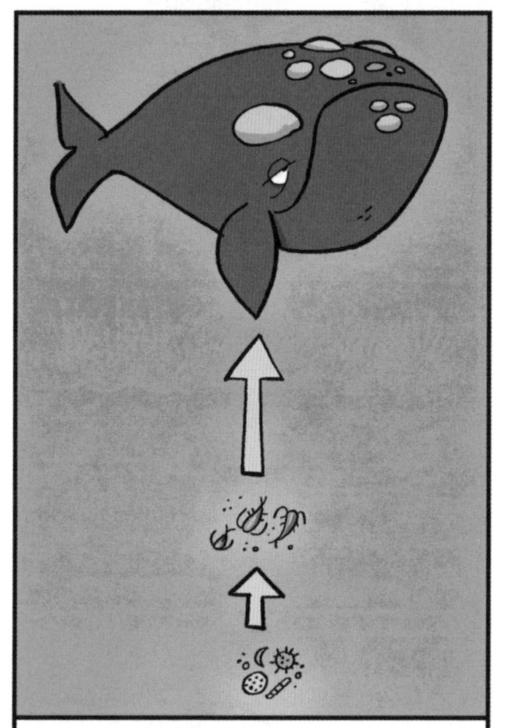

须鲸也是顶级捕食者，但是它们的食物链中，生产者和顶级捕食者之间没有多少中间环节。生产者指的是把能量转换成营养物质的生物。

齿鲸和生产者之间有更多中间环节。在南部虎鲸的这条食物链中，那些能从食物中获得能量的消费者会吃其他消费者，顺着这条食物链，我们可以找到吃生产者的消费者。消费者是吃其他生物的生物。

顶级捕食者在维持生态系统的平衡中扮演着关键角色。我们的责任是控制其他消费者的数量，但也不能过于遏制对方，导致它们消失。

生态系统中的一些生物是关键种，它们确保该系统能够正常运作！

如果这些关键种消失了，生态系统可能会迅速崩溃。

人类特别擅长……
等等！
你和人类有过接触吗？

科研船

他们用动物追踪你的群体？用狗？为什么？
他们收集我们的排泄物……
排泄物？

粪便！

eDNA即环境DNA，是从水中采集的。它可能来自粪便，也可能来自皮肤、油脂和黏液，以及留下的身体碎屑。

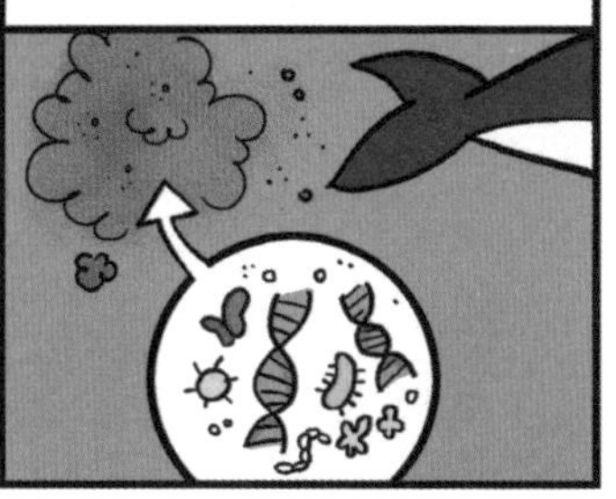

DNA，全称为脱氧核糖核酸，是生命的组成部分之一。几乎所有生物的生命蓝图都包含在DNA中。

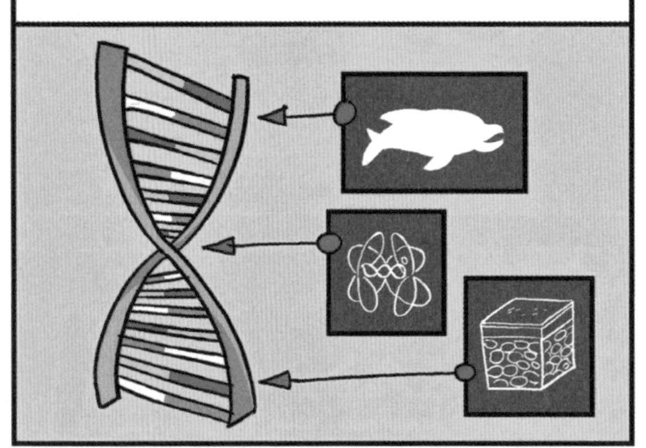

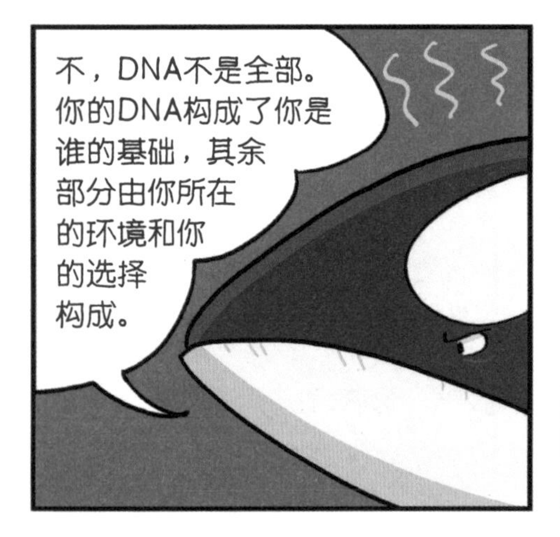

不过，人类确实
想要我们的粪便，粪便中
包含着很多信息。
咯咯！
嘿嘿！
哈哈！

我们的
粪便能包含
什么呢？
憋笑！
首先是养分。
粪便为植物，
也就是生产者提
供了肥料，而生
产者是食物网
的基础。

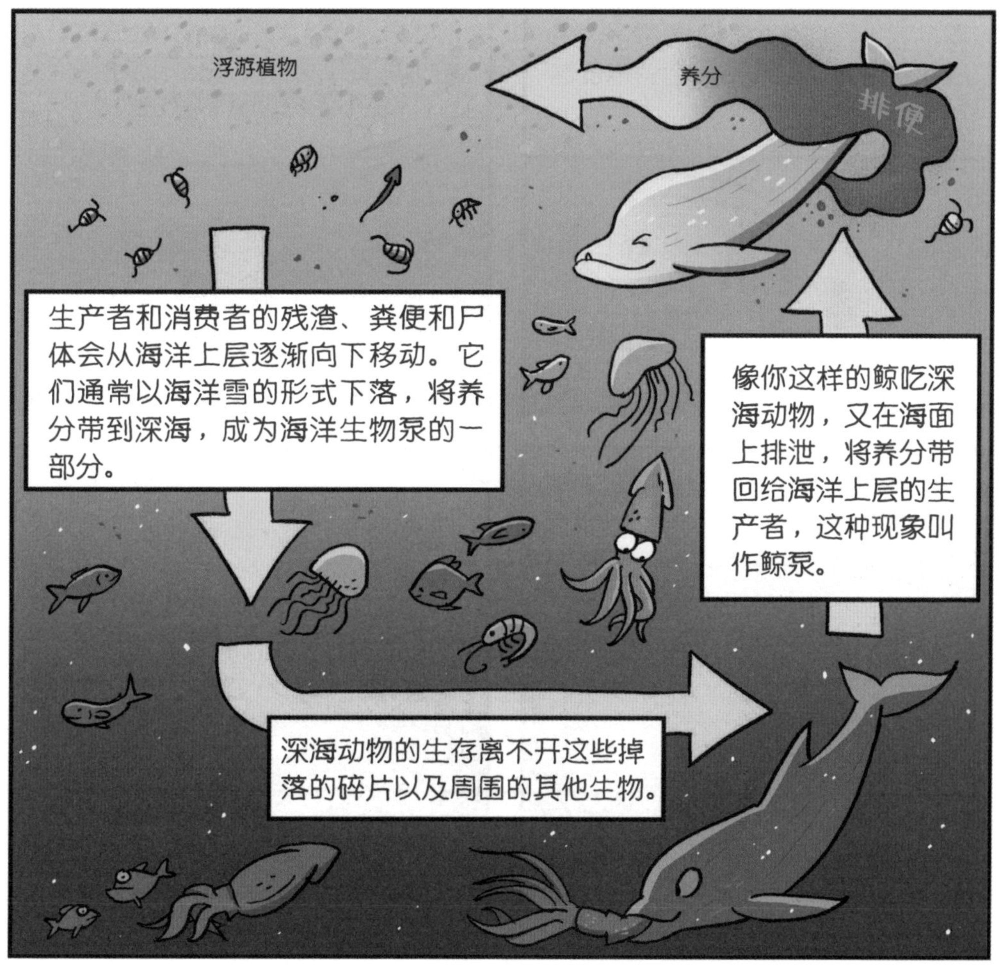
浮游植物
养分
排便
生产者和消费者的残渣、粪便和尸体会从海洋上层逐渐向下移动。它们通常以海洋雪的形式下落，将养分带到深海，成为海洋生物泵的一部分。
像你这样的鲸吃深海动物，又在海面上排泄，将养分带回给海洋上层的生产者，这种现象叫作鲸泵。
深海动物的生存离不开这些掉落的碎片以及周围的其他生物。

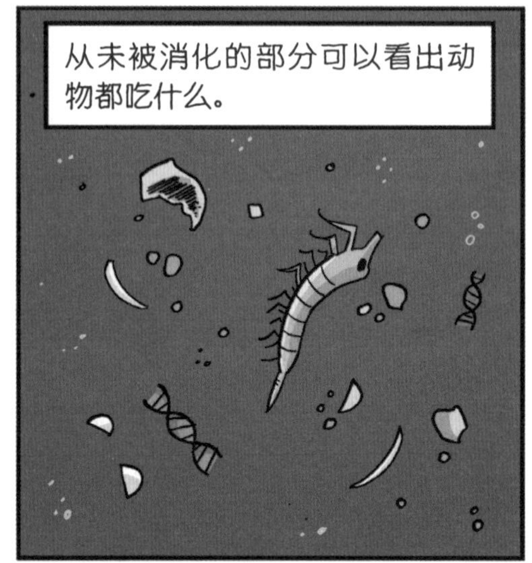

通过粪便也可以了解我们的肠道菌群。它是我们体内的正常微生物组成的群落，可以帮助我们消化食物和保持健康。

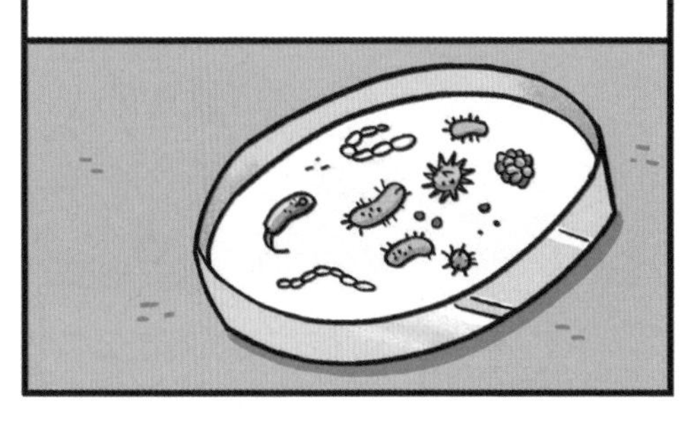

通过粪便可以了解生物个体的健康状况。我们的身体处于良好、紧张或者生病等不同情况时，会产生不同的激素和蛋白质。

粪便中还含有我们吃进去的有害物质，比如毒素。

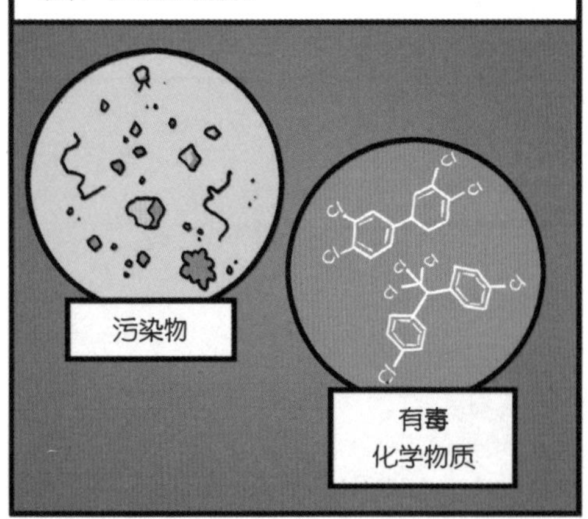

搁浅会
怎么样？
搁浅的鲸会
成为新食物网
中的一部分。
哦，
好吧。
呀，那是？

快速移动

你好呀，
柯氏喙鲸！
巨布
蓝鲸
Balaenoptera musculus

哦，你好！
我是可可，
你在岸边做什
么呢？
可可，
认识你很高兴，
我叫巨布。
我在看骨头！
你在干吗？
哦，我在和伊聊天！
我正在录制一个播客，专门采访那些与
外星生物——人类有过接触的鲸。

哦，是吗？
那么采访我吧！
我经常见
到他们。

真的吗？
什么时候？
在哪里？

你是说只要
待在搁浅的鲸附近，
就能看见他们吗？

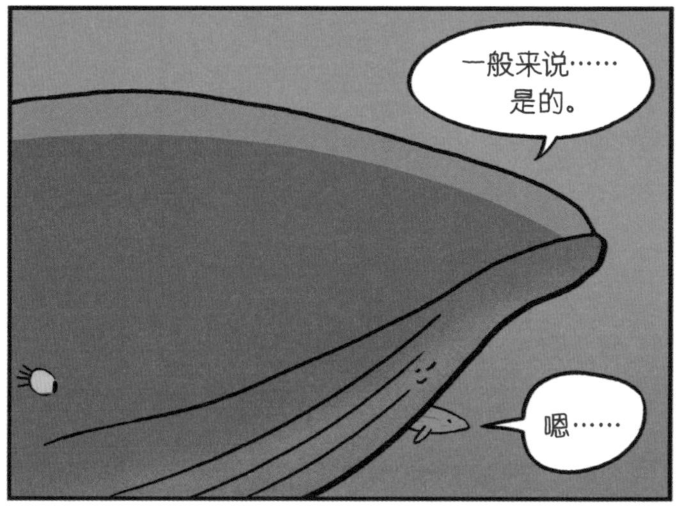
一般来说……
是的。
嗯……

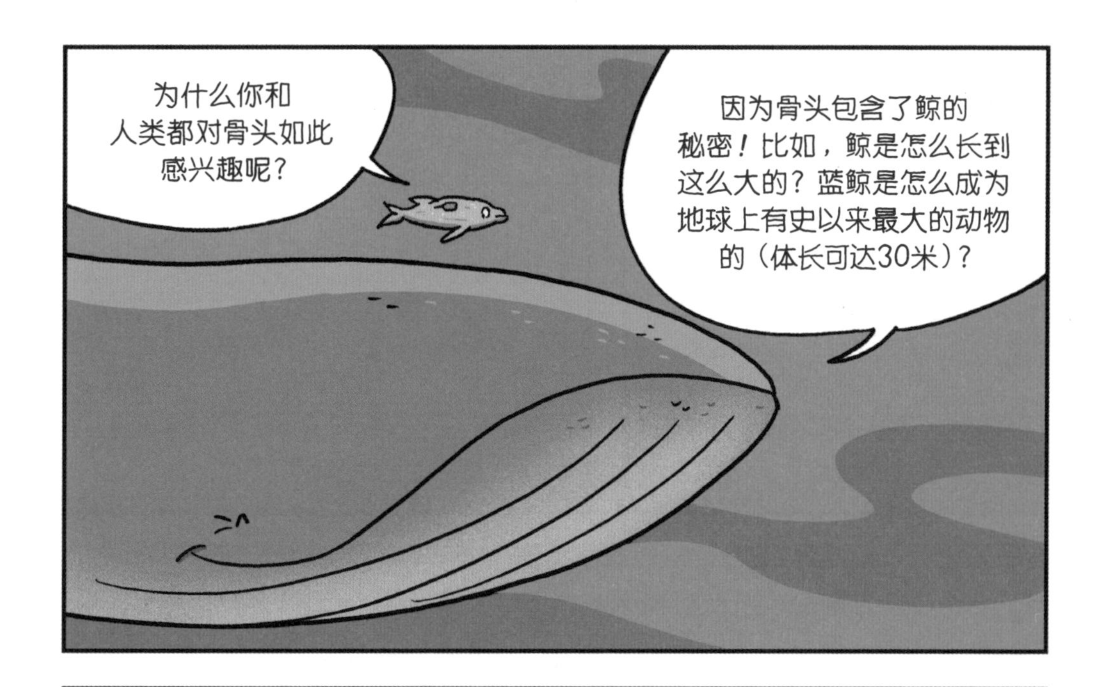

和其他脊椎动物一样，我们的骨骼是支撑器官和肌肉的框架。

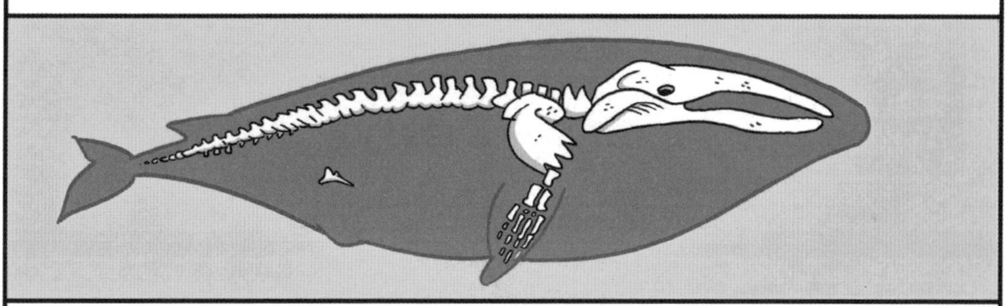

但与很多脊椎动物不同的是，我们的很多骨头都很轻，而且内部是海绵状的。

支撑体重的骨头必须足够结实，所以大多数是密质骨。

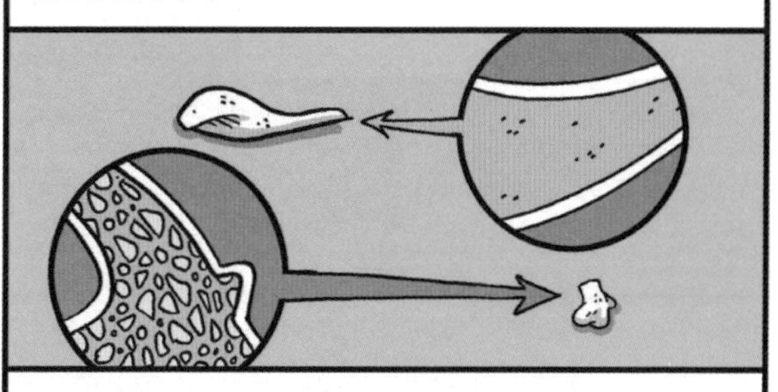

其他骨头则大多是松质骨。我们的松质骨中有油脂，能帮助我们漂浮在水中。

鲸的体形很大，体内的器官非常重！
比如，光我的心脏就重达180千克！

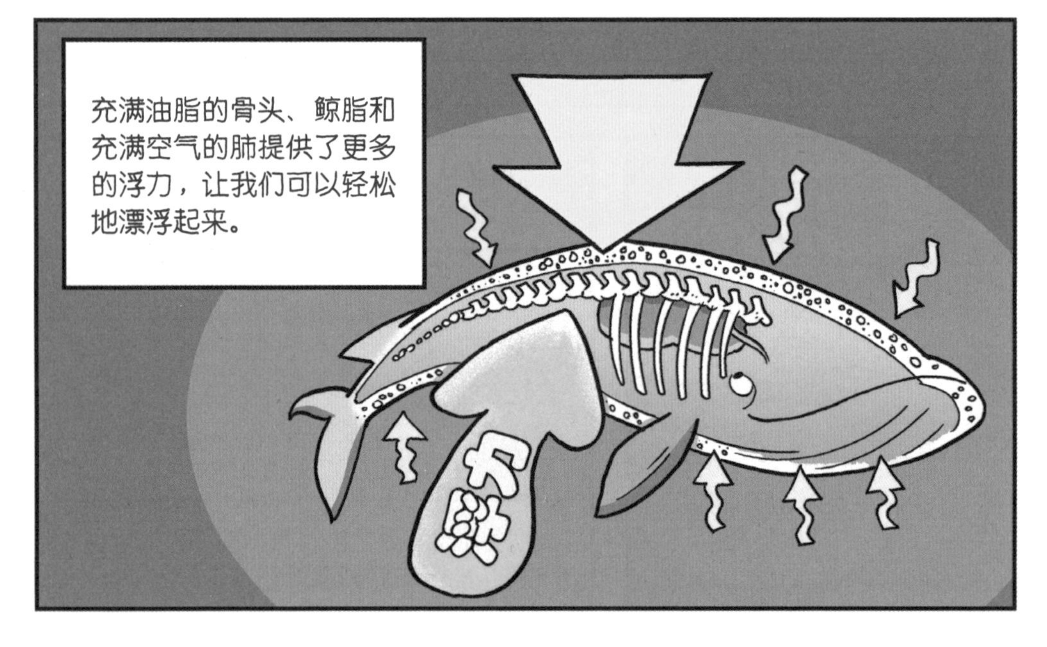

这是我们这样的哺乳动物能够成为海洋猎手的原因之一。
哺乳动物？

是的，虽然我们看起来有点像鱼，但其实是哺乳动物！我们拥有哺乳动物的所有典型特征，只不过我们适应了海洋生活。
比如呢？

我们用肺来呼吸，获得氧气。我们没有鳃！
噗！

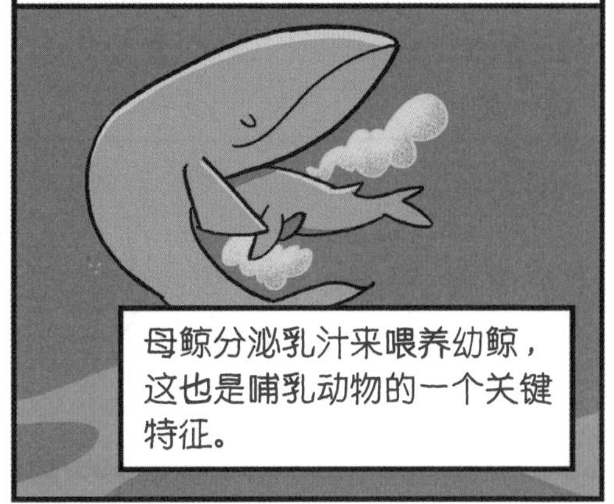

我们的孩子是从母亲体内出生的，不是在体外的卵中孵化的！
母鲸分泌乳汁来喂养幼鲸，这也是哺乳动物的一个关键特征。

噗！
好的，你说的“特征”是指让我们作为一个群体，可以和其他动物区别开来的特点，但是你说的“适应”是什么意思？

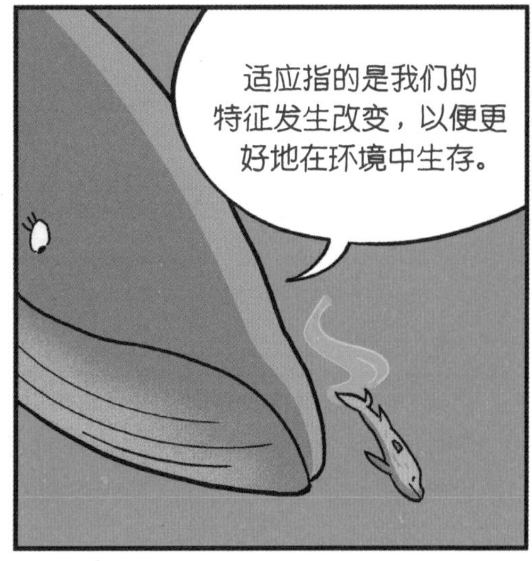

适应指的是我们的特征发生改变，以便更好地在环境中生存。

为了适应不同的环境，我们的身体从早期形态逐渐进化成现在的样子。彼此有亲缘关系的动物，相同的身体部位往往也有差别。

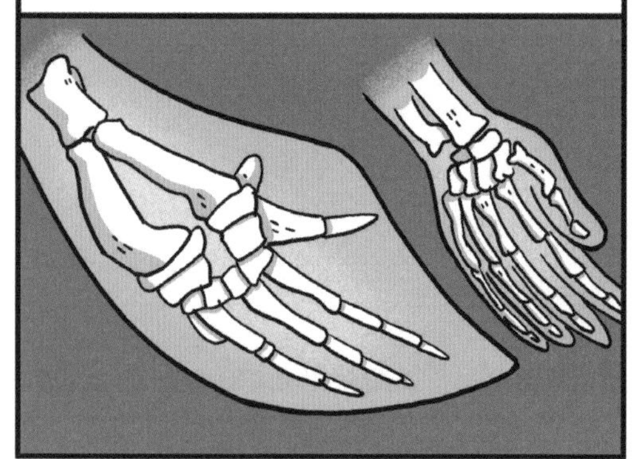

我们失去过某些特征吗？

有的，比如毛是哺乳动物的关键特征，但鲸要么只有一点点，要么在成长的过程中慢慢消失了。

有些鲸的体内还有腿骨。它们可能是退化之后残留的，也可能是为了满足新的用途而发生了进化。

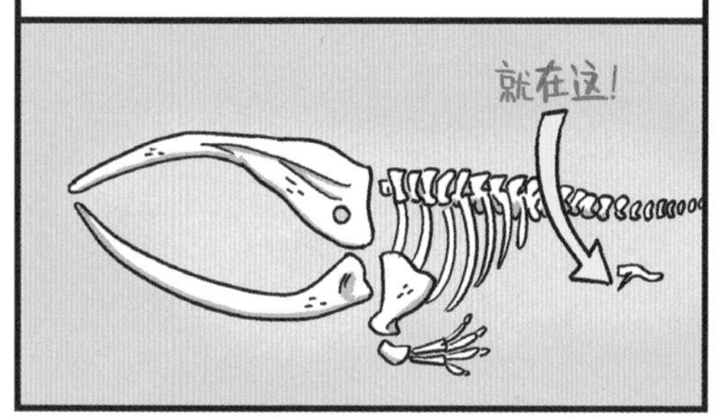

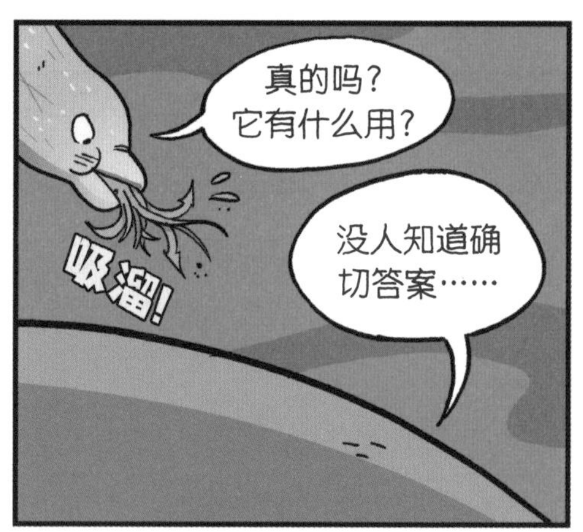

嗯，陆地上与鲸亲缘关系最近的是河马！
奥比
短肢领航鲸
Globicephala macrorhyncus

奥比，很高兴见到你。
巨布，见到你也很开心。

我是可可，嘿！那是从骨头上看出来的吗？
某种程度上是的。
但是在得到确切的DNA证据之前并不能完全肯定。

没错，它们是哺乳动物！但河马、鹿和其他偶蹄目（蹄上趾的数量是偶数）陆地哺乳动物与我们亲缘关系更近一些。

海牛目

偶蹄目

食肉目

海豹和海象属于食肉目动物，食肉目动物是肉食专家。海牛属于海牛目，是植食性动物。所有的海洋哺乳动物都有不同的进化路线！

我们长得像是趋同进化的结果：进化路线不同的动物具有相似的特征。不同的动物在相似的环境中面对相似的压力，被迫发展出相似的生存策略。

进化指的是
生物群体的特征随
时间而变化。
这些变化的起
因是遗传自父母的
DNA发生了改变。

但是，我们是从化石中
了解我们的进化的。大多数化
石是保存完好的骨头。

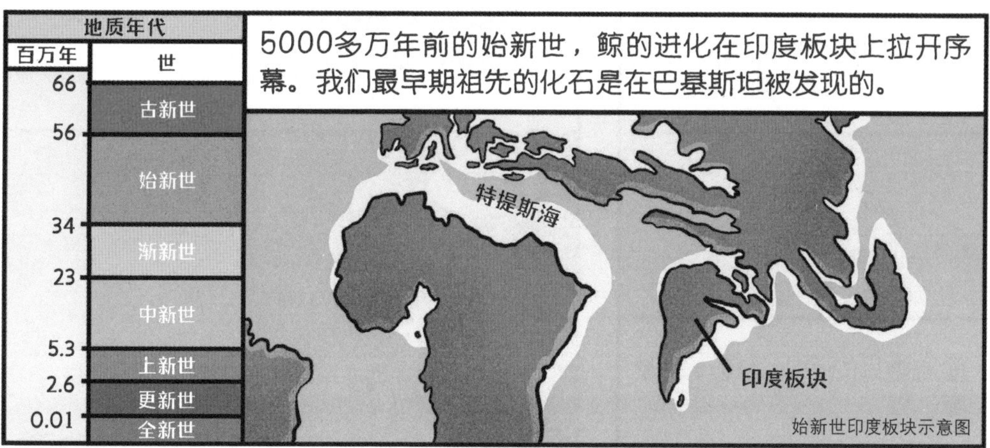
地质年代
百万年
世
66
古新世
56
始新世
34
渐新世
23
中新世
5.3
上新世
2.6
更新世
0.01
全新世
5000多万年前的始新世，鲸的进化在印度板块上拉开序幕。我们最早期祖先的化石是在巴基斯坦被发现的。
特提斯海
印度板块
始新世印度板块示意图

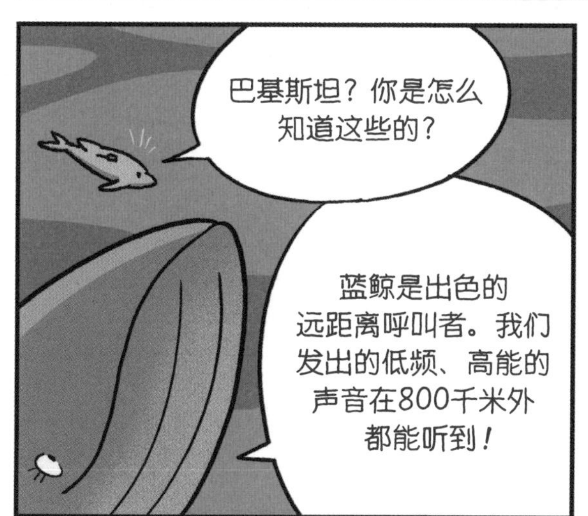
巴基斯坦？你是怎么
知道这些的？
蓝鲸是出色的
远距离呼叫者。我们
发出的低频、高能的
声音在800千米外
都能听到！

斯里兰卡附近的北印度洋
海域有一群蓝鲸，它们随时
和我分享重大的发现。

巴基鲸和现代鲸类有一个其他动物没有的共同特征：

覆盖中耳的骨头上有一块增厚区域。

我们不确定巴基鲸用它来做什么，但这个结构可以帮助现代鲸类在水中辨别声音传来的方向。

它们踝关节处的距骨也很特别！它的形状独特，像双滑轮，也像两个悠悠球叠在一起，这样的形状只有偶蹄目动物才有。

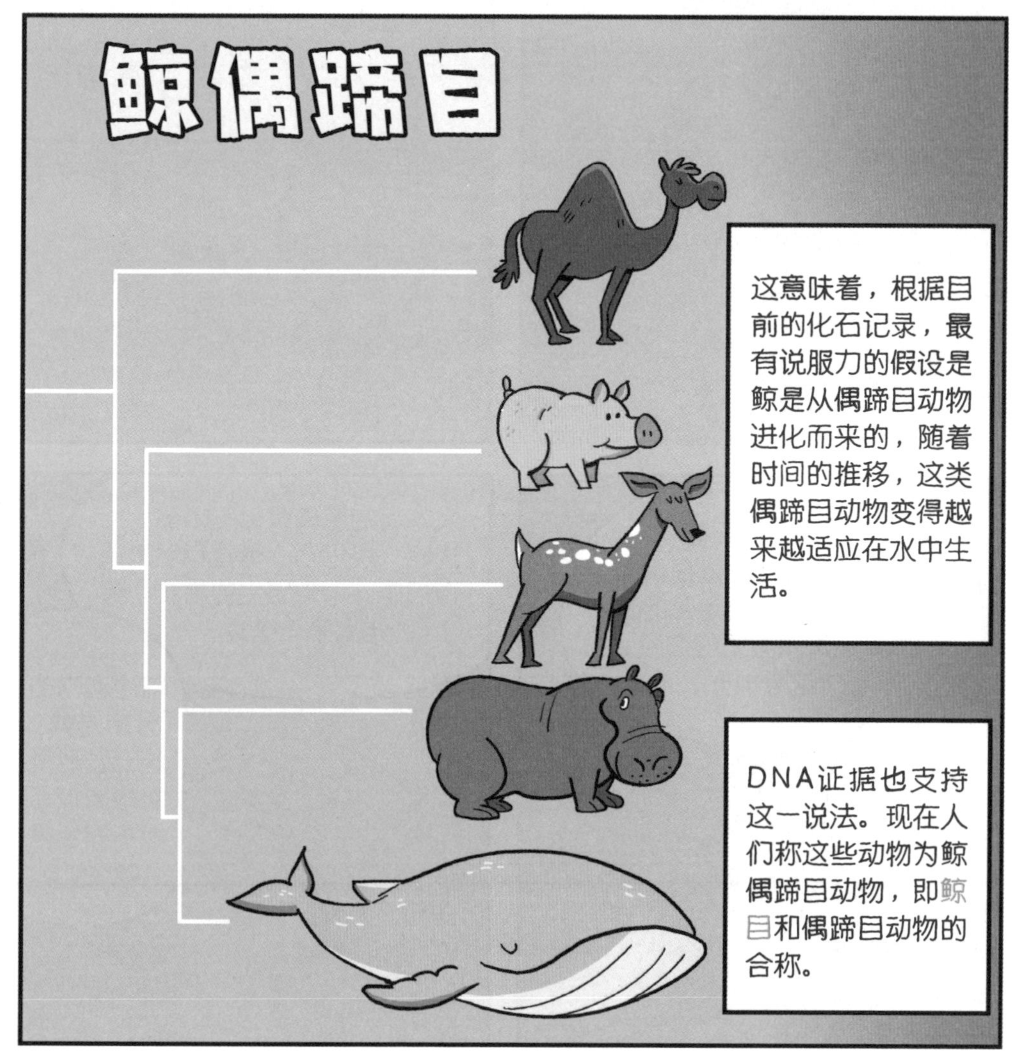

通过分析一具4800万年前的近乎完整的游走鲸骨骼，我们知道这个祖先主要生活在水里，也可能完全生活在水里，并迁移到了盐度更大的河口和沿海水域。

慈母鲸大约生活在4700万年前，它们有灵活的脊椎，而且有可能游泳的时候更依赖尾巴。已经发现的化石分布广泛，说明这些鲸冒险进入了更远的海域。

那么鲸的
祖先是什么时
候变得像现代
鲸的呢？
大约4000万年前的
始新世末期，鲸的体
形变得更大，并且完
全生活在海洋中。

这些鲸的化石在世界各地的古老
海床上都能找到，比如埃及的鲸
鱼谷。

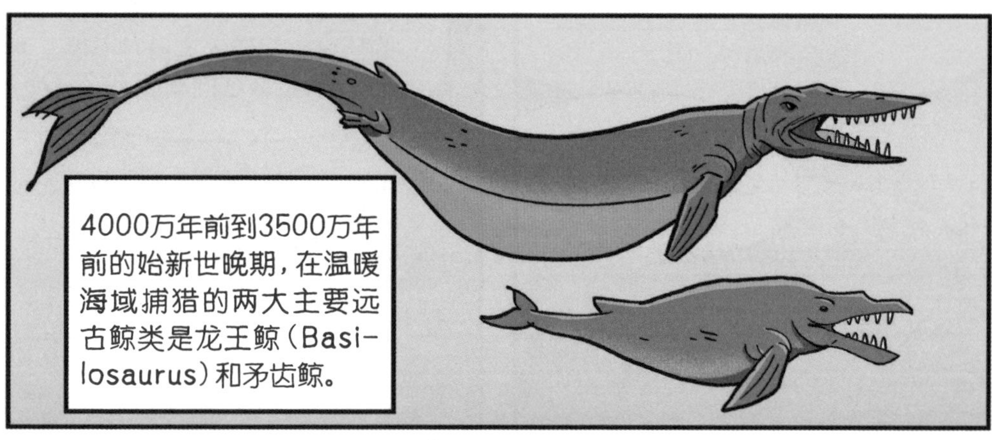
4000万年前到3500万年
前的始新世晚期，在温暖
海域捕猎的两大主要远
古鲸类是龙王鲸（Basi-
losaurus）和矛齿鲸。

Saurus不
是蜥蜴吗？
一开始人们
把它们误认为爬
行动物。

鲸形态的关键转变有：它们的鼻孔
沿头部向上、向后移动，眼睛则向
头部两侧移动。

前肢变成了鳍状肢，后肢退化后留在体内，目前只剩一个距骨。

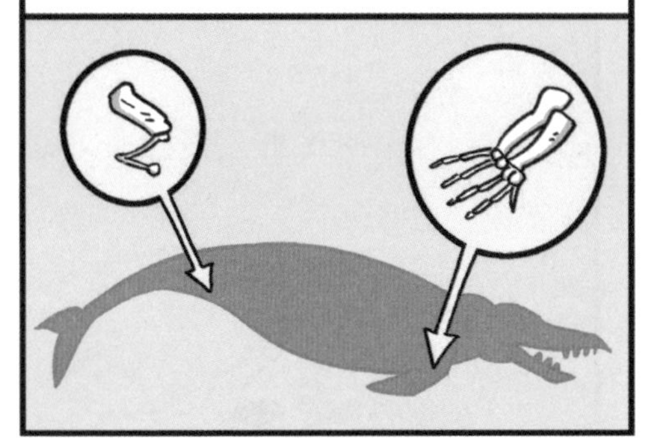

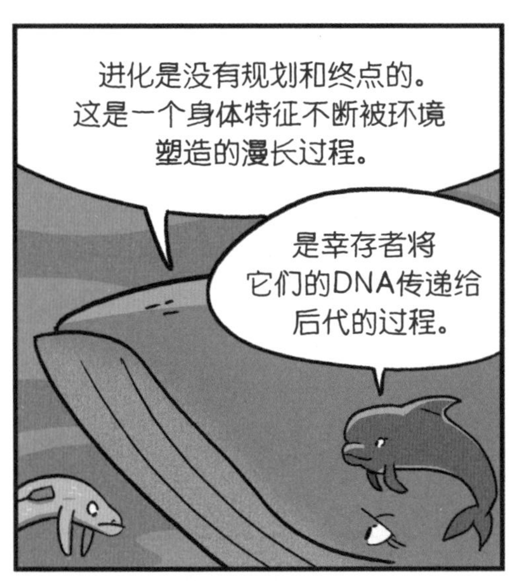

在智利“鲸之陵”发现的距今约1100万年前的中新世晚期的化石中，有一些属于大型须鲸，它们长约8米，喉部已经具备有弹性的褶皱。

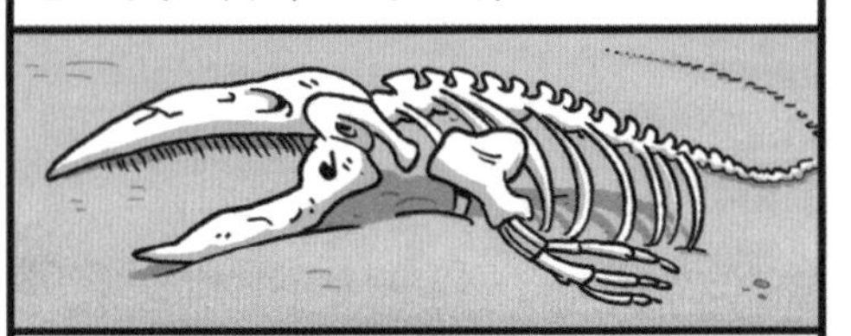

它们很大，但不及现在的须鲸，因为当时的环境不允许或者没有使它们长那么大。

只有在过去的450万年中（横跨上新世和更新世），环境状况才变得适合进化出和今天一样大的鲸。

海洋变了，出现了数不清的浮游动物和小鱼，并且分布在广阔的区域中，这一切为须鲸进化创造了条件，可以变得……

像我一
样大！

哇！
真棒！
是，这是
目前呼声最高
的说法。

当然，远古鲸进化出
各种各样的适应能力，并通
过多元化的进化路径形成了
今天的各种鲸。
多元化的路径？

就是由单一的进化
分支慢慢变成更多的分支。面
对新的环境和挑战，逐渐演变
成各种不同的鲸。
总共有多少
种鲸呢？

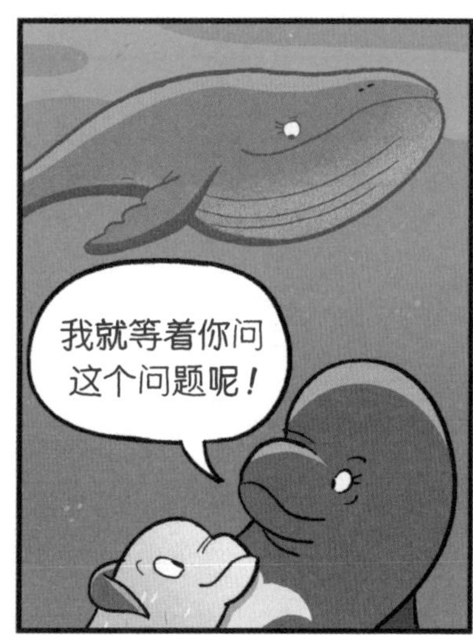
我就等着你问
这个问题呢！

是的，这个词源于拉丁语中的“cetus”，意为大型海洋生物。它是希腊神话中的一种巨大的海怪，星座中的鲸鱼座就是以它命名的。

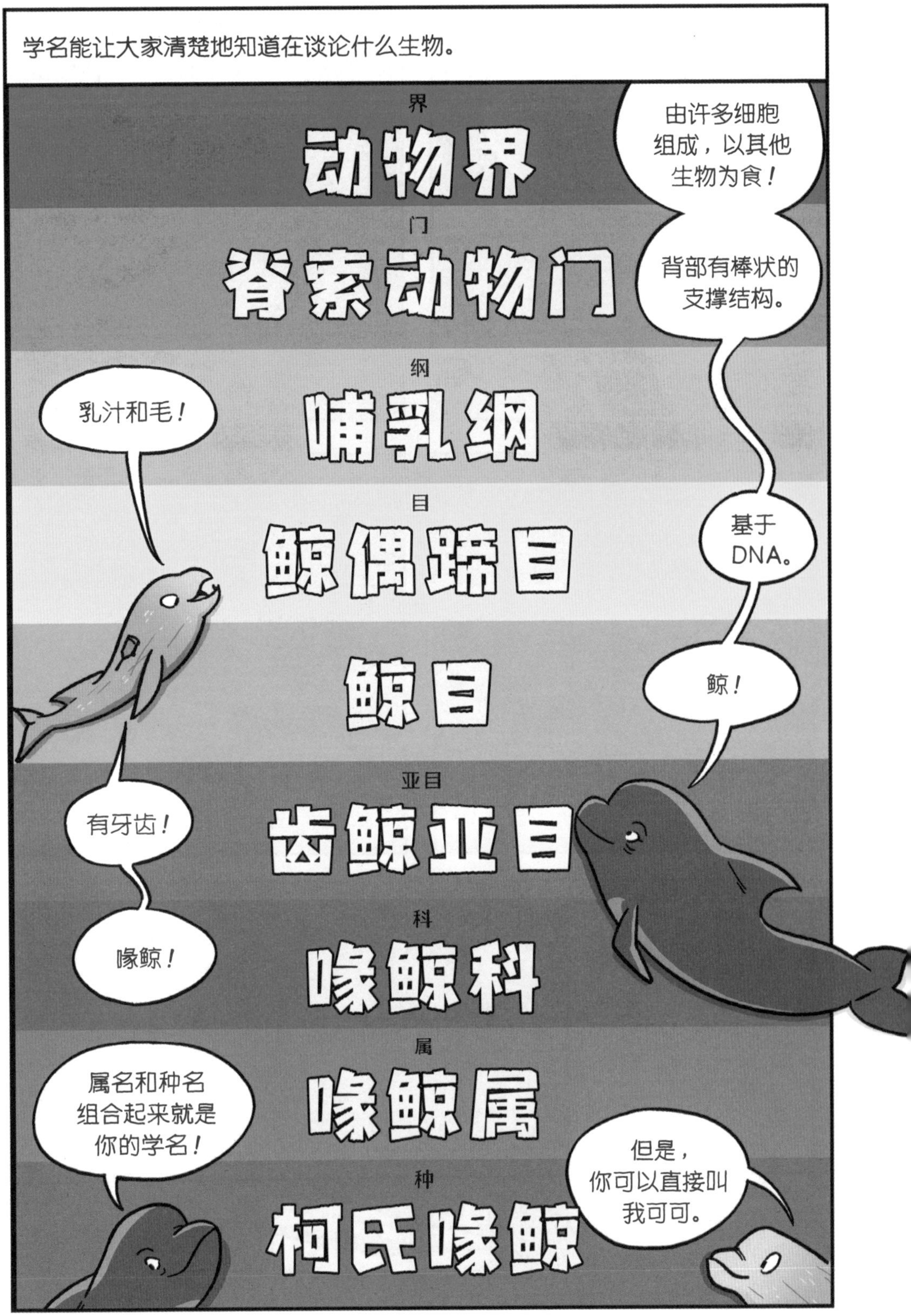

学名能让大家清楚地知道在谈论什么生物。

与我们柯氏喙鲸亲缘关系最近的是谢氏塔喙鲸，它生活在南半球波涛汹涌的寒冷水域。它在喙鲸中是独一无二的，因为它的上下颌骨上都有很多牙齿。

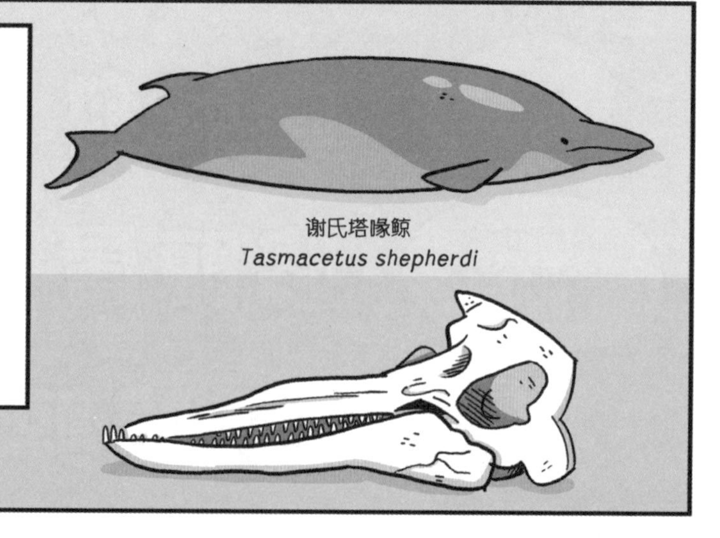

贝氏喙鲸是最大的喙鲸，体长大约11米，它们可以下潜1000多米去捕食鱼类和鱿鱼，有时候也捕食海底的无脊椎动物。

朗氏喙鲸会组成规模大于大多数喙鲸的群体，有时多达100头！它们甚至会和其他种类的鲸组成混合群，比如短肢领航鲸。

与大多数喙鲸相比，北方宽吻鲸在水面上的表现更活跃，它们有时甚至会甩尾——摆动尾巴，然后拍打水面。

雄性长齿中喙鲸的嘴外面有巨大的獠牙状的牙齿，所以它们的嘴不能完全张开，只能张到可以吸进小乌贼的大小！

哥氏中喙鲸的上颌有一排细小的牙齿，但这些牙齿已经退化了，无法真正派上用场。它们捕食深海中的鱼类和鱿鱼。

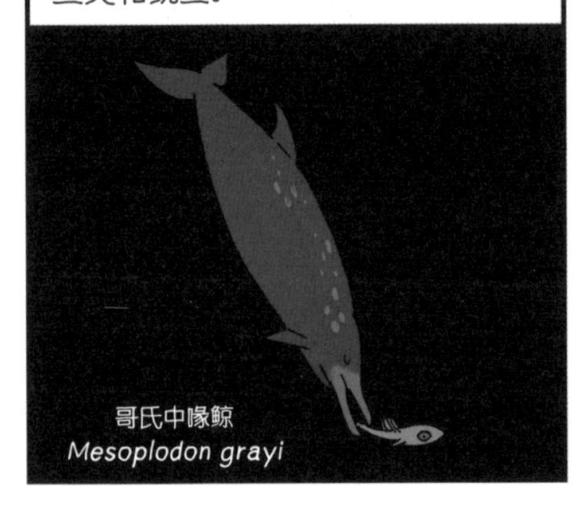

柏氏中喙鲸在水面换气时不太会发出声音，因为它们不想让捕食者听到。潜入深海捕捉鱿鱼和鱼类时，它们会发出声音。

初氏中喙鲸也是潜水能手。它们的身体两侧有轻微凹陷，潜入水中捕猎鱿鱼和鱼类时，可以将胸鳍收在凹陷内，减少阻力。

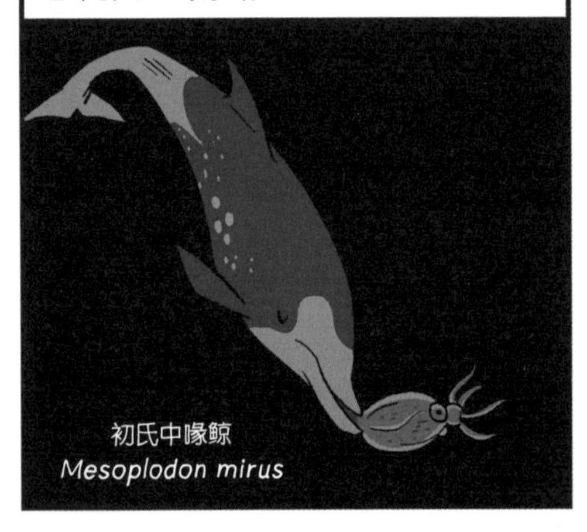

我从未见过铲齿中喙鲸，但听说过。它们非常罕见，我猜它们经常潜水，可能也捕食深海鱿鱼和鱼类。

可能我不了解的
喙鲸比想象中的更多，
我都没见过它们。
没人见
过，我们
无法确定
它们是否
存在。

奥比，你来自
哪个“科”？
海豚科。
我属于海洋海豚。

海豚？
我还以为你
是鲸呢。

海豚也是鲸！
是和你一样的齿鲸。
鲸的种类很多，
名称也很多。

就像之前和你说的，
俗名很容易造成混淆。
你是怎
么知道这
些的？

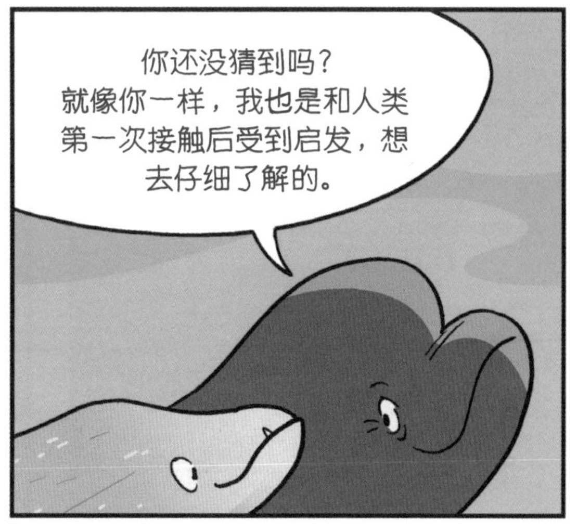
你还没猜到吗？
就像你一样，我也是和人类
第一次接触后受到启发，想
去仔细了解的。

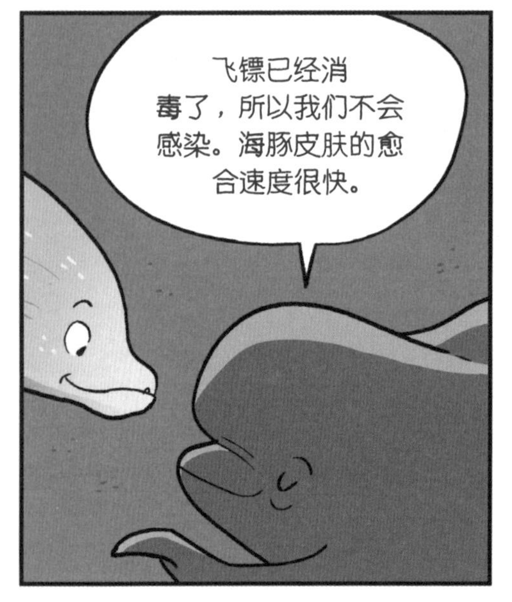

活体组织检查可以提供大量信息。脂肪可以用来分析食物和毒素，而皮肤有微生物群，还有我最喜欢的皮肤细胞的DNA。

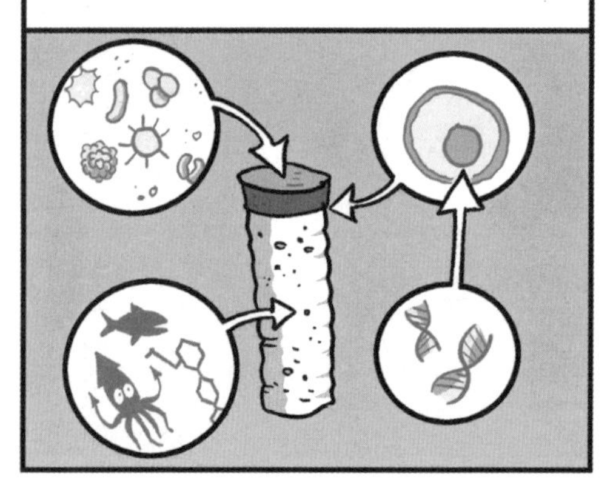

物种是指具有共同形态特征和DNA信息的一群生物。不同物种之间有明显的区别。如果不同物种之间交配，它们的杂交后代是无法继续繁殖下一代的！

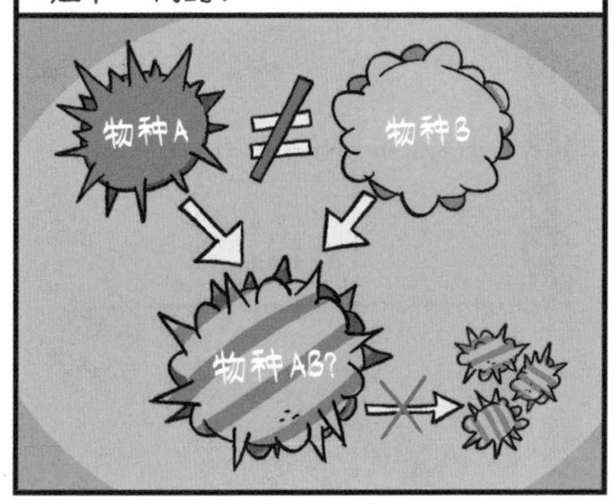

种群是生活在特定区域的同一物种的成员组成的群体。

如果一个种群和其他种群长期隔绝，它们可能会产生基因差异，拥有不同的DNA，即便它们的外表看起来依然很像。

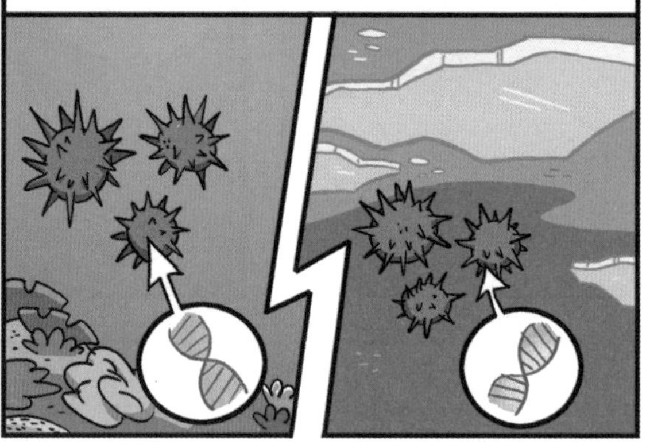

由于处在独特的环境中，每个种群的DNA都在发生变化，但并不是所有的种群都有相同的变化，因为它们之间的距离通常比较远，很难产生交集。

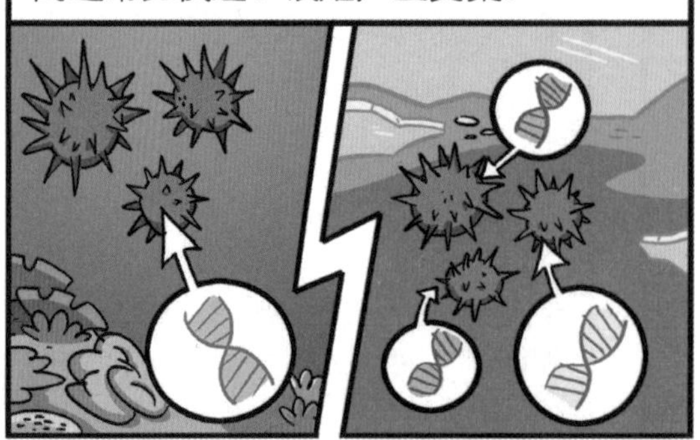

如果一个物种的某个群体为了适应其生活的特定环境，DNA和身体形态等逐渐发生了变化，这样的变异类群叫作生态型。

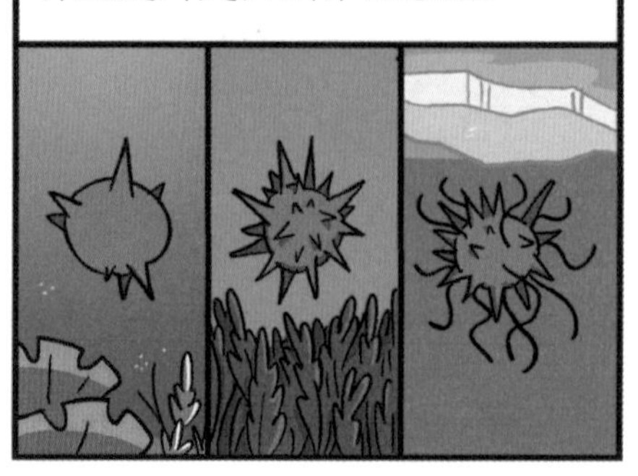

虎鲸在海洋中分布很广，它们就有很多生态型。
它们难道不是都和伊的族群一样吗？

伊带领的是一群北方居留型虎鲸，它们生活在沿海水域，主要以鲑鱼为食。

生活在更深水域的近海虎鲸群主要捕食大型鱼类。这些虎鲸甚至会捕猎鲨鱼，但鲨鱼粗糙的皮肤会磨坏它们的牙齿。

在南极浮冰区域活动的虎鲸群捕食海冰上的海豹。它们会制造波浪，把海豹从冰上冲下来！

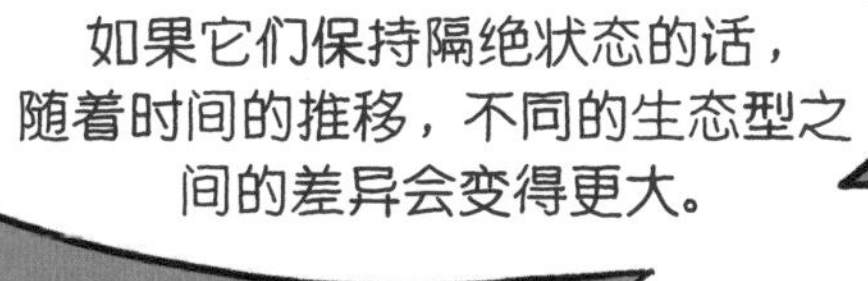
如果它们保持隔绝状态的话，随着时间的推移，不同的生态型之间的差异会变得更大。

如果一个物种的某个种群的DNA和形态特征与其他种群的区别很明显，它就可能会被划分成一个亚种。

那么这些虎鲸到底是不同的生态型还是亚种呢？
我们还不能确定！它们是完全不同的物种也说不定！这是不是很酷啊？！

它们以大脑占体重的比值高而闻名。它们很聪明，社会化程度很高。

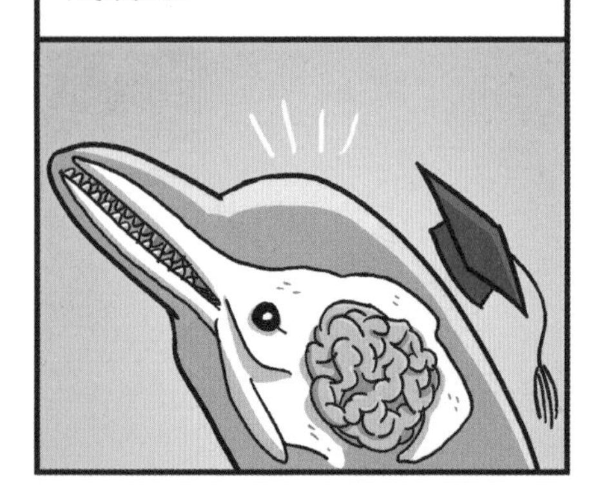

每头宽吻海豚都能发出标志性的口哨声，用来在群体中突出自己的身份和寻找同伴，但也可能有其他的功能。

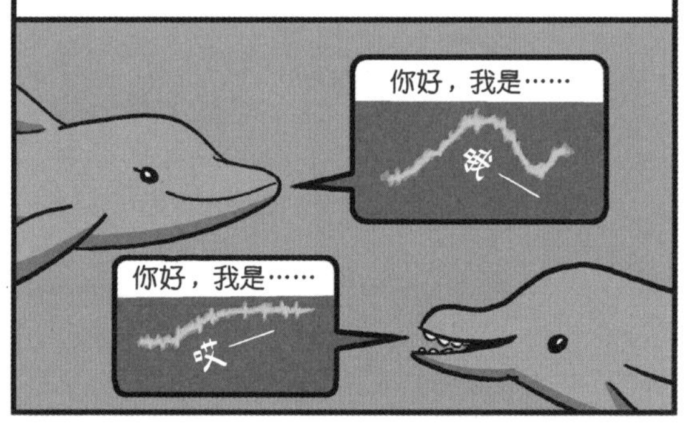

长吻飞旋海豚常跳出水面翻跟头，它们最有名的动作是全身旋转，这样做可能是为了甩掉寄生虫，也可能只是为了玩！

瑞氏海豚在全球有广泛的分布。它们有时会加入其他鲸的群体中。它们的主要食物是鱼类、磷虾、鱿鱼和章鱼等。

伊河海豚生活在东南亚和澳大利亚北部的浅海与河流中。有人看到它们捕猎的时候，用吐水的方式把鱼群弄得晕头转向！

圭亚那海豚生活在南美洲大西洋沿岸的半咸水水域，也就是河流和海洋交汇处的水域。除了回声定位，它们还能感应到动物产生的电场，以便在混浊的水和淤泥中捕食猎物！

生活在南美洲淡水水域中的亚河豚，是亚河豚科中唯一的现存物种。它们在河流和被洪水淹没的雨林里捕食鱼类、龟类和螃蟹。

恒河豚科中的恒河豚眼睛很小，很难成像。它们或许可以感知光线，但主要依靠回声定位来探测环境和捕猎。

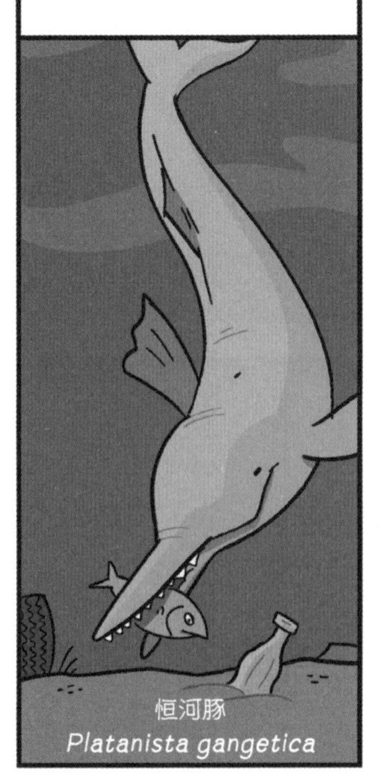

在中国长江流域有另一个淡水豚类叫白鱀豚科，这个科只有一个物种——白鱀豚[①]。它是中国特有物种，但是已经很多年没有人见过它们了。

①日常用法中也叫“白鳍豚”。

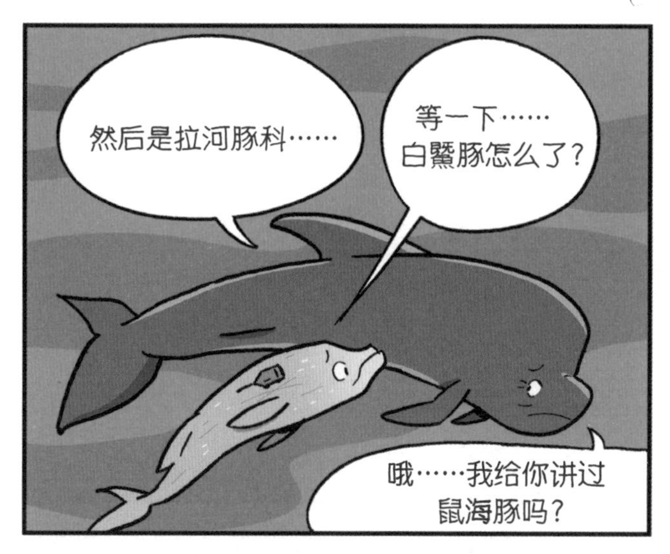

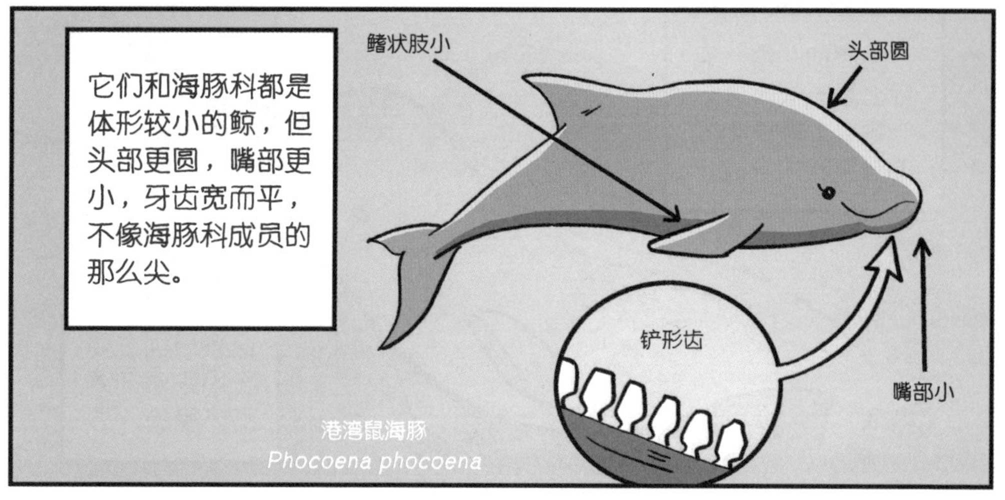

鼠海豚们不仅体形小，而且很害羞，所以它们很罕见。加湾鼠海豚可能是世界上最小的鲸，成年后也只有大约1.5米！

不过，它们有时也会用这根长牙来敲打鱼。

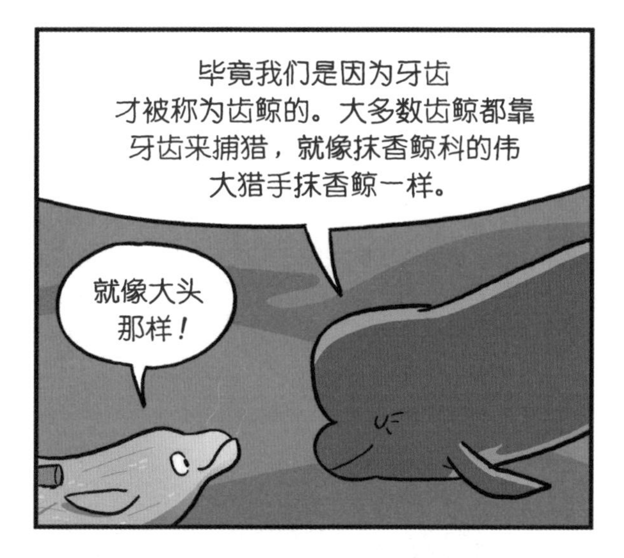

抹香鲸以头部内的鲸蜡器而闻名。这个巨大的器官中充满了蜡状物质，它们可以帮助抹香鲸加强和集中回声定位的咔嗒声。

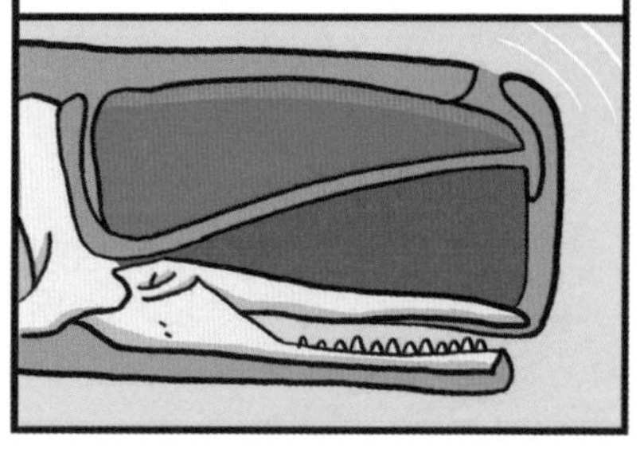

与抹香鲸亲缘关系较近的，小抹香鲸科的两种鲸的头部也有鲸蜡器。

小抹香鲸捕食深海鱿鱼和鱼类。受到捕食者的惊吓时，它们会从肠道的一个特殊的囊中喷射出一种红棕色的液体，就像乌贼喷墨汁一样！

小抹香鲸（*Kogia breviceps*）

侏儒抹香鲸是一种体形更小的深海鱿鱼捕猎者（我们对这些鲸仍然知之甚少）。它们与小抹香鲸都以头部两侧的假鳃裂纹而闻名，这些条纹可能是为了让对手误以为它们是鲨鱼。

侏儒抹香鲸（*Kogia sima*）

长须鲸的体形大小仅次于蓝鲸。它们以头部颜色的不对称而闻名：左侧是灰色的，右侧靠近腹部的那一面是白色的，甚至连鲸须的颜色也是不对称的。

长须鲸
Balaenoptera physalus

小须鲸有三个亚种：北大西洋亚种、北太平洋亚种、南极亚种。南极亚种是在南极洲周围发现的，它以小型的深海灯笼鱼为食。

小须鲸
Balaenoptera acutorostrata

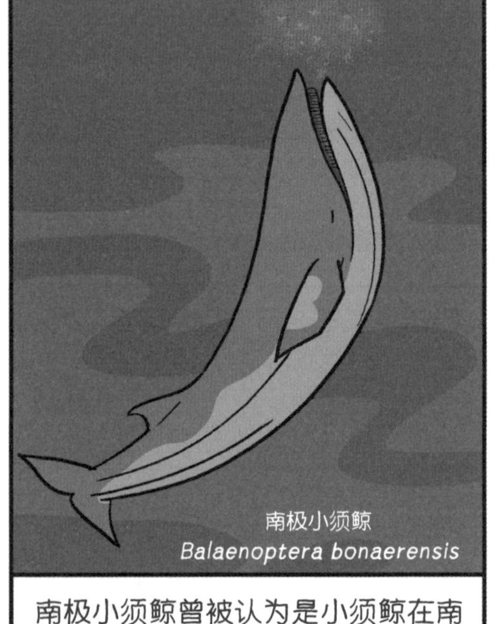

南极小须鲸
Balaenoptera bonaerensis

南极小须鲸曾被认为是小须鲸在南极洲周围的一个生态型，它们看起来非常相似。经过专家们的研究，南极小须鲸现在被划定为新物种。

布氏鲸曾经被认为是一个复杂的组合，包含两个很难分开的物种。现在它们被归为单独的一个物种，包含两个亚种。其中，布氏鲸是体形更大的那个，它们生活在远洋中。

另一个亚种是小布氏鲸，体形较小，主要生活在近岸海域。

大村鲸曾经被认为是分布在热带印度洋和太平洋的体形较小的布氏鲸，其实它们之间的基因差异很大，是完全不同的物种。

塞鲸与布氏鲸非常相似，但它也是独立的物种。它们有超细的鲸须（大约0.1毫米），用来从海水中过滤桡足类动物和其他微小的浮游动物。

北太平洋露脊鲸、北大西洋露脊鲸和南露脊鲸都以它们头部外侧的硬茧而闻名，这些粗糙、坚硬的块状物经常被鲸虱、藤壶和蠕虫所感染。

北大西洋露脊鲸（*Eubalaena glacialis*）

弓头鲸（*Balaena mysticetus*）

须鲸现在只有
4个科了。

我们能
确定吗？
或许随着我们了解得
更多，分类也会随之变化，
而且有些鲸很罕见，毕竟
海洋是非常广阔的。
也许永远也不能
百分之百确定。

小露脊鲸（*Caperea marginata*）
小露脊鲸是最小的须
鲸，非常罕见。虽然
叫小露脊鲸，实际上
它与须鲸科的亲缘关
系比露脊鲸科更近。
它现在是小露脊鲸科中唯一的物种，但化石
记录表明它可能是已灭绝的“新须鲸科”中
幸存的成员。

灰鲸也是须鲸科的近亲，
但它有自己的科：灰鲸
科。因为它们会定期迁
徙，所以人类对它们的观
察做得很好。
不好意思，
你在说什么？
你是
在跟我说
话吗？
灰鲸（*Eschrichtius robustus*）

哦，
不好意思！
我们
刚刚在
聊不同
种类的
鲸。
为了给我
的播客——
鲸可可专属
音频录节
目！你好，
我是可可。

我是大灰，
这个小不点是
灰宝，它是我
的孩子。

你好！
嘿！
很高兴见到你们，
但我们得继续向北赶路了，
还有很长一段旅途呢。

哦……
我非常希望可以
邀请你当我的采
访嘉宾。

好吧……
我听说播客能缓解长途
旅行的疲惫……

来吧，欢迎你
加入我们。

相比之下，座头鲸的个体更容易辨别。每头座头鲸都有独特的尾叶，因此人类可以追踪每头座头鲸的迁徙过程。

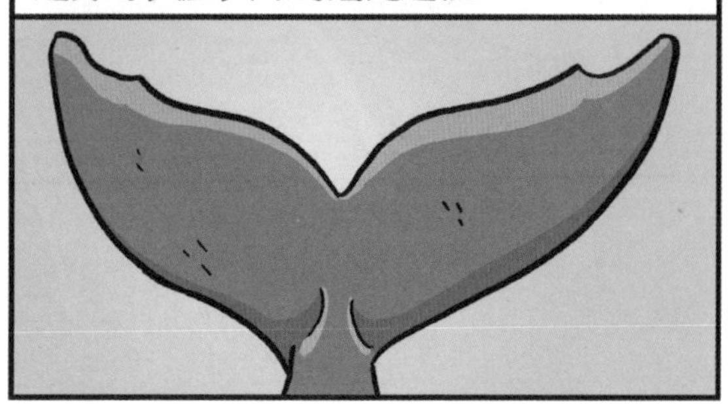

迁徙？就像你这趟距离超长的旅行？

是的，大多数须鲸在海洋中进行季节性的长途迁徙。以我为例，我迁徙的单程距离可达11 000千米！

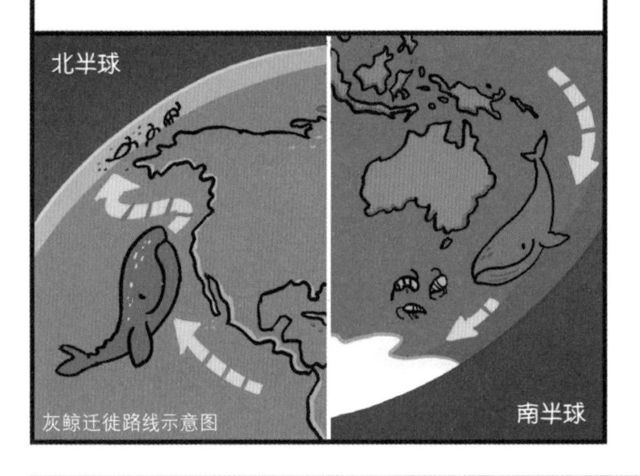
春天的时候，我们会前往极地，那里的季节性变温的海洋中有吃不完的食物。
北半球
南半球
灰鲸迁徙路线示意图

哦，就像露一样！你们也吃桡足类动物吗？
不，我们灰鲸有特殊的菜单。

灰鲸会大口吸入沉积物，然后将食物从泥沙中滤出来。我们主要吃端足类动物，但泥沙中也有其他小动物，我们不挑食的。

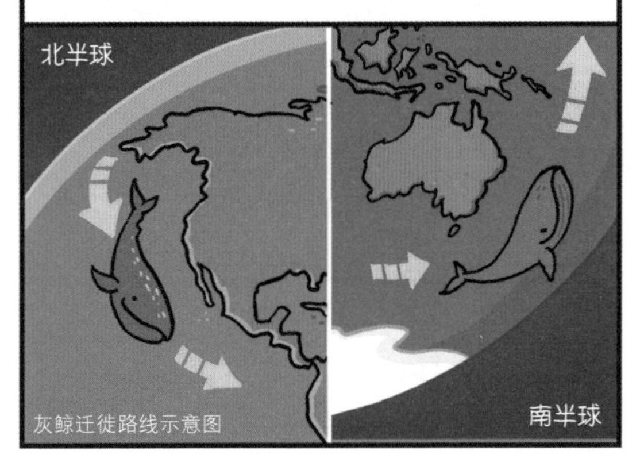
等到秋天，气温下降，我们会返回赤道附近，在温暖的热带海域过冬。
北半球
南半球
灰鲸迁徙路线示意图

然后在那儿吃不同的食物？
不是的，我们在冬天和迁徙的过程中是不吃东西的，在此期间，我们以夏天积累下来的脂肪为能量来源。

冬天是求爱、繁殖和分娩的季节。

几个月前灰宝才刚出生，但现在已经长到可以迁徙了。
妈妈！
等一下，孩子……

哦，每年都要游那么远的路程！可是你怎么知道要去的地方在哪儿呢？
这个……
妈妈！

不好意思，
灰宝饿了会有
点烦躁。
我还以
为你们在旅
行中不吃东
西呢。

我不吃东西，
但是孩子得吃，毕竟吃好
饭才能长身体。

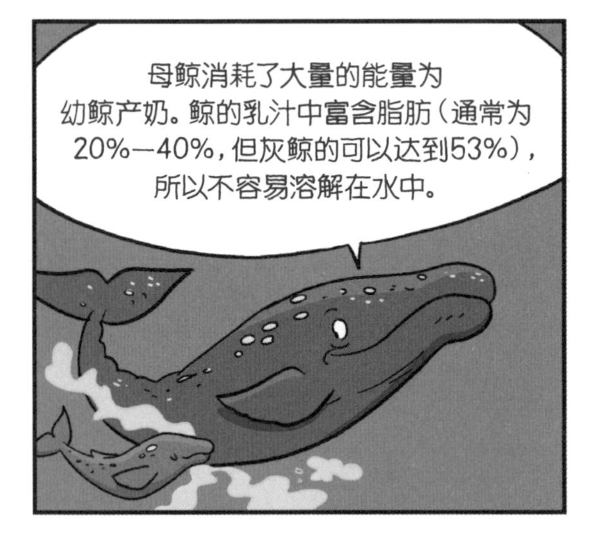
母鲸消耗了大量的能量为
幼鲸产奶。鲸的乳汁中富含脂肪（通常为
20%—40%，但灰鲸的可以达到53%），
所以不容易溶解在水中。

噢，对啊！乳汁，它和毛
是哺乳动物的特征。那你们
也是胎生的，对吧？

是的，鲸是胎生
的。通常，分娩
时宝宝的尾巴会
先出来，防止宝
宝在出生的过程
中溺水。它们一
出生就能游到水
面上去呼吸。

须鲸的幼崽长得很快。不出一年，它就能长成亚成体，会有自己的新群体，也可能会像妈妈一样全身长满烦人的鲸虱和藤壶……

谢谢你的关心，不过成为这些小生物的宿主也是鲸生命的一部分，任何一头体形巨大、游动缓慢的鲸都无法避免。

鲸虱寄生在鲸的皮肤上。它们用钩状的腿附着在伤口、疤痕和皮肤皱褶上，以那里的死皮为食。

藤壶也可以长久地附着在鲸的身上，它们和须鲸一样也是滤食动物，所以基本上就是我们带着它们四处觅食。

它们会伤害你吗？

这真的很难说。它们待在那里帮忙清理死皮也挺好的。

真正麻烦的是体内的寄生虫，尤其是一些蠕虫。寄生在抹香鲸肠道内的绦虫可以长到30米长！

我也是这些藤壶、鲸虱和蠕虫的漂浮之岛，是它们的住所、食物来源和交通工具的综合体。

通过观察外界如何看待我们，可以学到很多东西，也能明白我们如何影响其他生物的生活。

有时，鲸死亡后，它的身体会一直沉到深海（超过1000米）。坠落到深海的鲸对其他生物而言，称得上是一场“盛宴”，那里平时只有像雪花一样零星落下的碎片。在之后长达两年的时间里，体形较大的食腐动物会聚到这里，吃掉所有的肉。

接下来，蠕虫和其他小型无脊椎动物会占领这具尸体，吃掉骨头和土壤中剩余的鲸脂和肉。这副骨架可以保存几十年之久，在此期间，骨头中的油脂会被细菌慢慢消化，而这些细菌可以养活其他动物。

人类把UFO送到那
么深的海底吗？
哦，是的。
人类对我们的方方面面
都非常感兴趣，包括我们在
海洋中扮演的各种角色。

在人类眼中，
我们的角色非常多。

我们可以
是象征，可以是
资源……
吸溜！

不仅仅只是
食物。
噗！
啊！
什么？！外星
生物还会吃
我们吗？

是的，他们很早就开始
捕杀我们作为食物了。

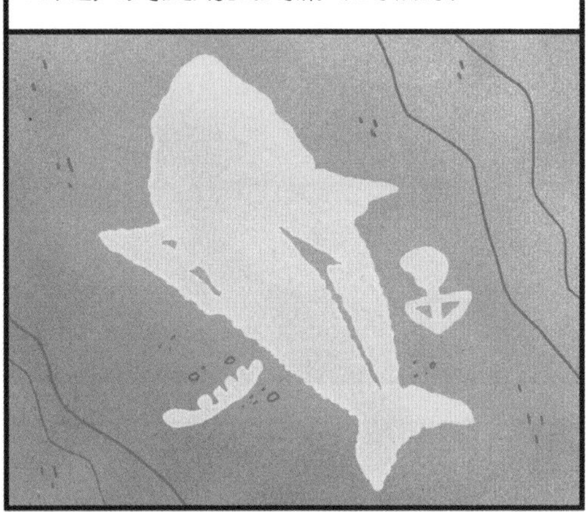
早在公元前6000多年（距今8000多年前），韩国的盘龟台岩刻画中就描绘过人类使用鱼叉捕鲸的情景。

早期的捕鲸者将漂浮物弄到鲸的身上，慢慢地耗尽它们的体力。鲸为那些人提供了大量的食物。
那时，人类为了生存而捕鲸。

但是后来捕鲸的
目的变了。
他们最想要的
是储存在我们的鲸
脂中的能量。

捕鲸变成了一种产业，主要产品是从鲸脂中提炼的鲸油。鲸的其他部分在他们看来也有用：骨头、鲸须和肉。
紧身衣
真正的鲸须
鲸油
蜡烛
牙雕

起初，人类只是猎杀那些行动缓慢的小型鲸，但随着科技的进步，他们发明了新的、更强大的捕鲸工具，可以在更遥远、更危险的海域捕捉更大的鲸。

加工船可以直接在海上进行加工，这样一来，每一次航行都可以猎杀更多的鲸。到了20世纪30年代，每年有超过5万头鲸被杀。

南极蓝鲸的种群数量曾经从约23.9万头下降到约360头。据统计，现存的南极蓝鲸约为3000头。

远洋

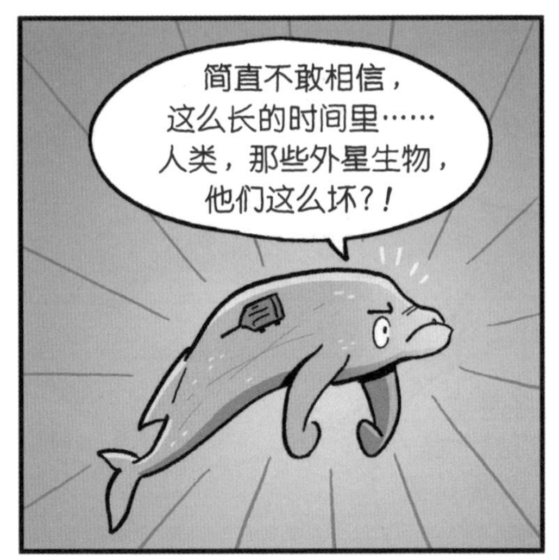
简直不敢相信，
这么长的时间里……
人类，那些外星生物，
他们这么坏？！

真的吗？
怎么了？

你不能说一种
动物吃掉另一种动物
是坏的，你已经有
6次想吃掉我了！
是的……
好吧，对不起。
但是你们的数量
很多啊。

嗯，为了生存而
捕猎是可以的，但是超过
限度就不好了。
这关乎生态
平衡。为了生存而
捕猎是可以的，但
是不能过度捕猎，
以致严重影响整
个物种。

物种的多样性可以巩固、
加强生物群落和生态系统，物种
灭绝则会削弱它们。我们必须精
心维护生态系统的稳定。

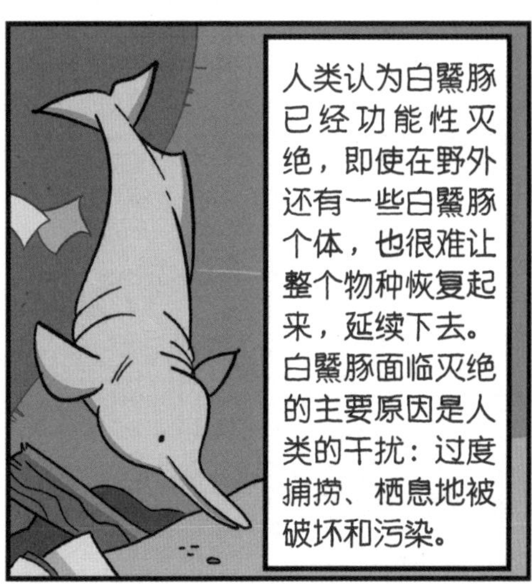
人类认为白鱀豚
已经功能性灭
绝，即使在野外
还有一些白鱀豚
个体，也很难让
整个物种恢复起
来，延续下去。
白鱀豚面临灭绝
的主要原因是人
类的干扰：过度
捕捞、栖息地被
破坏和污染。

在维持生计的捕鲸活动中，人类只是为了获得生存所必需的东西，也为了传承自己的文化和特性，例如，因纽皮亚特人的纳鲁卡塔克节。

即使他们使用现代工具，但依然尊重我们的精神，对我们的给予抱以敬意。

有毒的化学物质也流入我们生活的海域，污染我们的食物。有毒藻类的大扩散也越来越常见。有毒的化学物质会储存在我们的脂肪中，逐渐损害我们的健康。

一条小鱼体内可能只有少量毒素，但是一条大鱼会吃很多小鱼，而我们要吃掉很多大鱼。

毒素的浓度会随着食物链的延长而不断增加，这种现象叫作生物放大。

南方居留型虎鲸是受污染损害最严重的海洋哺乳动物之一。
哦……
那它们能恢复过来吗？
很难说。

受人类影响，它们的种群数量大幅下降，还有许多虎鲸被抓起来进行人工饲养。

人类把它们带到哪里去了？
海洋公园。
博物馆。
动物园。
水族馆。

人类的过度捕捞导致海洋里鲑鱼的数量减少了很多，残存的南方居留型虎鲸正在忍饥挨饿。

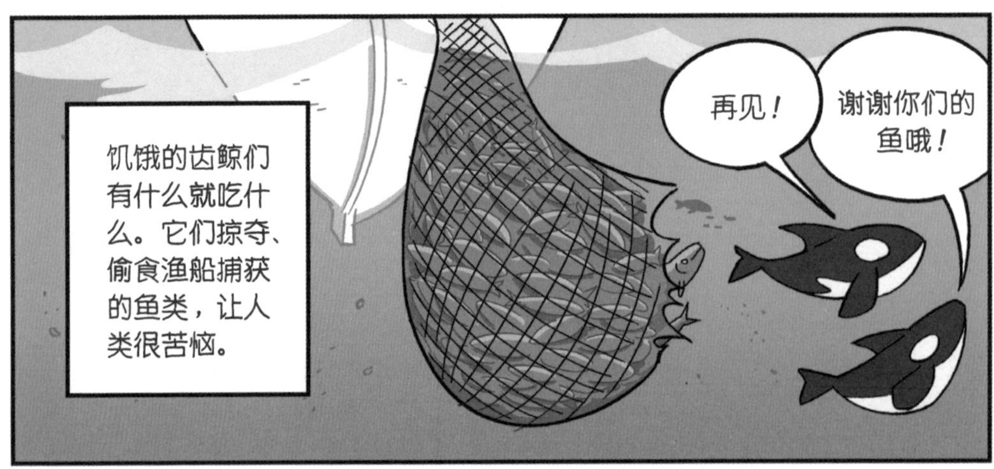
饥饿的齿鲸们有什么就吃什么。它们掠夺、偷食渔船捕获的鱼类，让人类很苦恼。
再见！
谢谢你们的鱼哦！

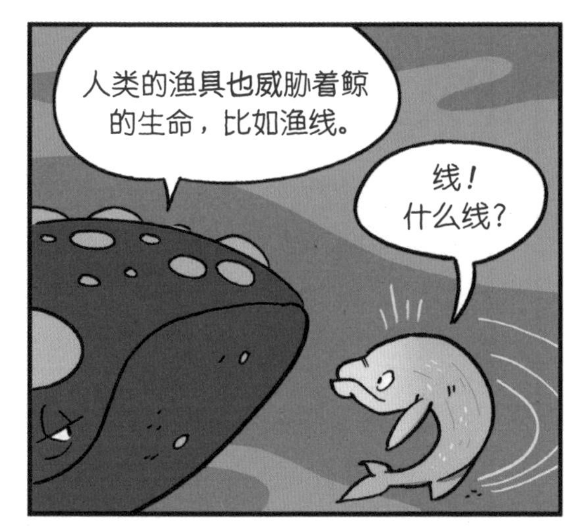
人类的渔具也威胁着鲸的生命，比如渔线。
线！什么线？

北大西洋和北太平洋露脊鲸已经濒临灭绝。我们常被渔具缠住，这使得我们的数量严重下降。

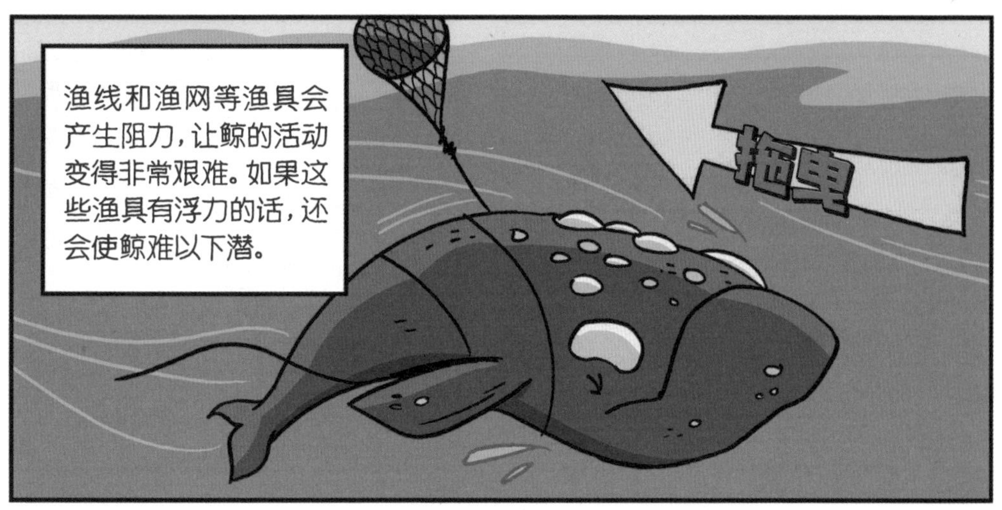
渔线和渔网等渔具会产生阻力，让鲸的活动变得非常艰难。如果这些渔具有浮力的话，还会使鲸难以下潜。
拖曳

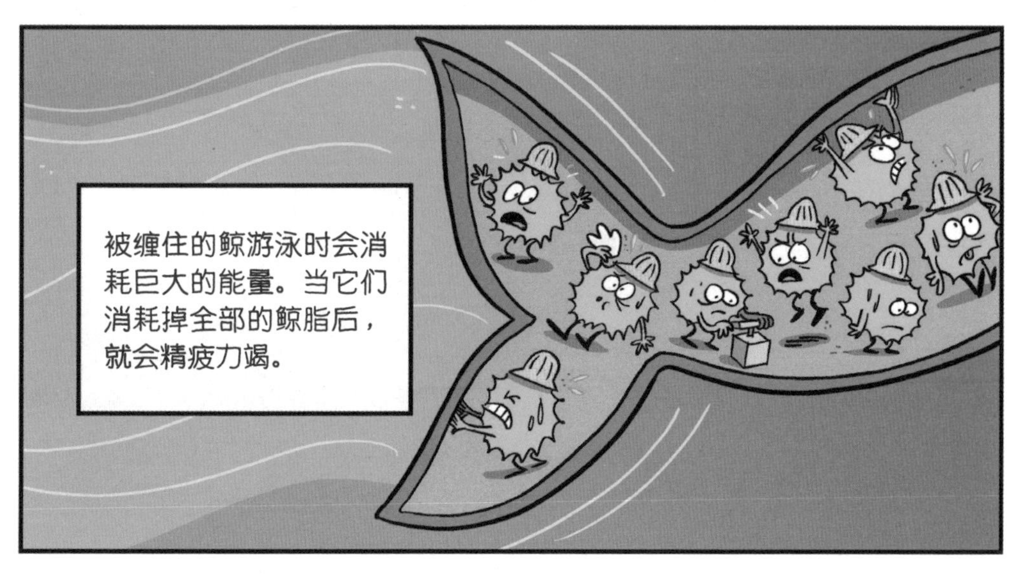
被缠住的鲸游泳时会消耗巨大的能量。当它们消耗掉全部的鲸脂后，就会精疲力竭。

没有能量，母鲸就无法产奶来
喂养幼崽。即使渔具脱落，它也会
损伤鲸的皮肤，并且留下疤痕。

天哪
……

较小的鲸会被渔网或鱼钩困住，
被意外捕获，称为兼捕。

刺网会缠绕或者卡住鱼类，如果鲸
被这样的网困住，就无法浮出水面
呼吸了。

他们为什么不
停止捕鱼呢？

他们依靠
捕鱼维生。

目前还没有
一个很好的解决
方案，但事情需
要改变。

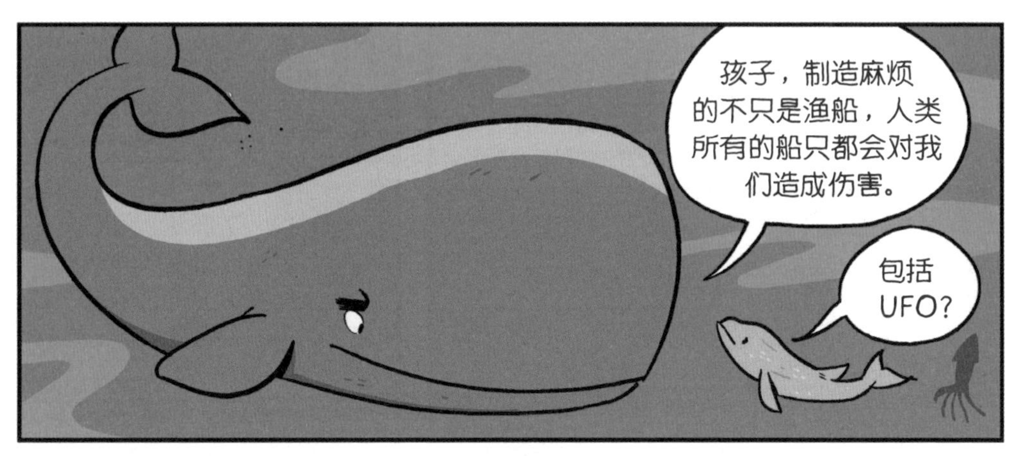

当我们在海面休息和呼吸的时候，有时驾驶船只的人不能及时发现我们，或者船开得太快而停不下来。

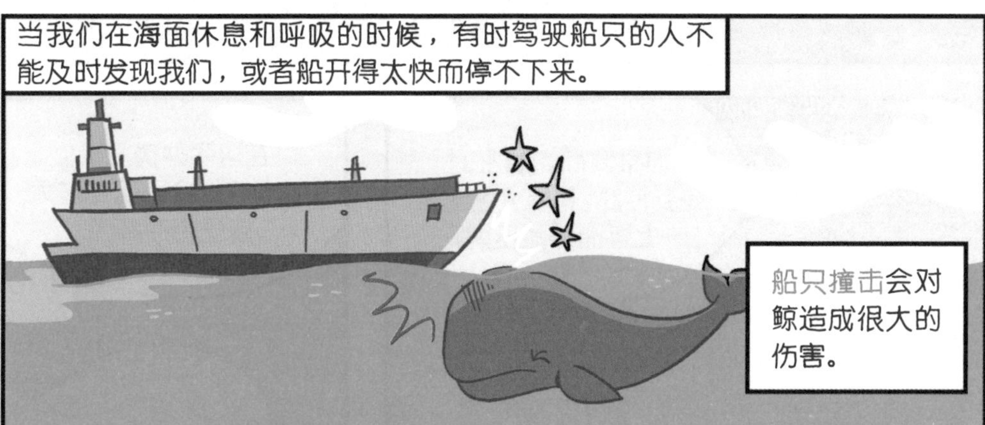

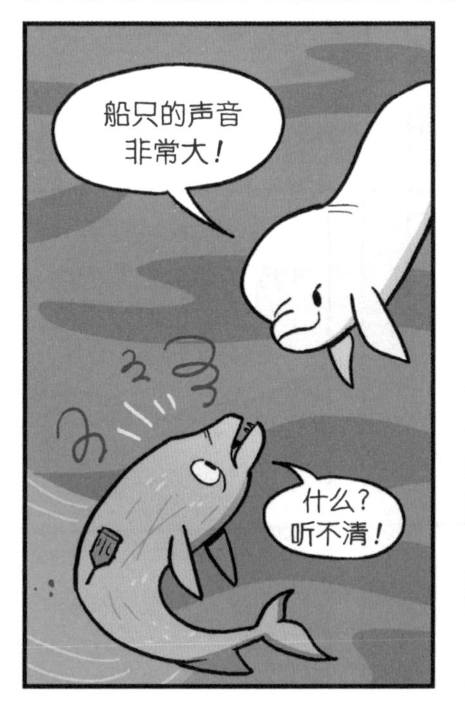

有些船用测深仪测量水深。那是一种利用回声测量海底深度的设备！但是它们发出的声音真的很吵，有可能让鲸受到惊吓。

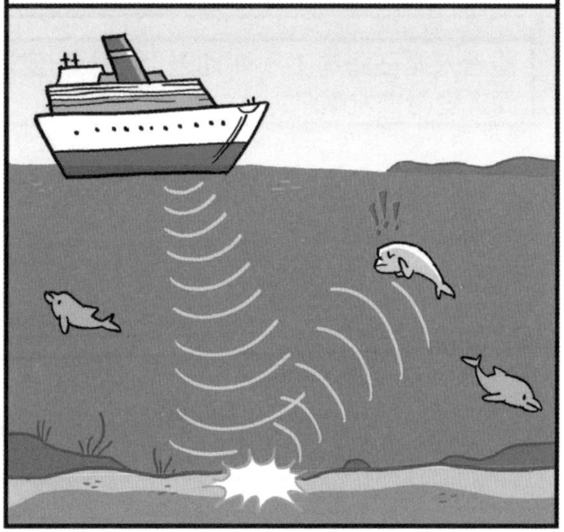

有些人会使用更强大的声呐。它们使用高能、中频的声音来导航和寻找其他船只，但那样的声音真的超级大！
!!!

这样很不好吗？
这些机器发出的噪声太大了，不仅会惊吓和扰乱我们，还会损害我们的听力。

如果我们在潜水时受到惊吓，可能会因匆忙上浮而得减压病。

在这两种情况下，我们可能会因压力过大或受伤而搁浅。

随着人类在海岸上不断地进行开发和建造，海洋变得愈发嘈杂。
嗡嗡！
砰！
砰！
砰！
嘟——

嘈杂的环境让我们更难听到彼此的声音。我们的听力可能会越来越差……
可是声音是鲸的一切。

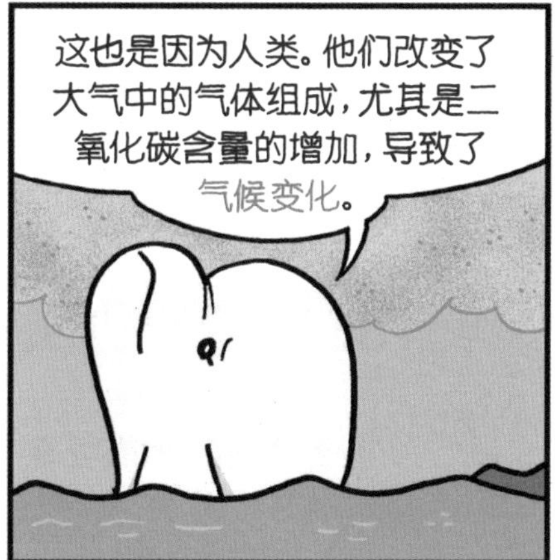

二氧化碳吸收了地球表面释放的热量。二氧化碳越多，大气中的热量越多，这就像给地球裹上了一层越来越厚的毯子。

也有很多人关心鲸。观鲸船可能会给我们带来困扰，但这也表明人类对我们感兴趣，人类很想了解我们是谁，我们在做些什么。

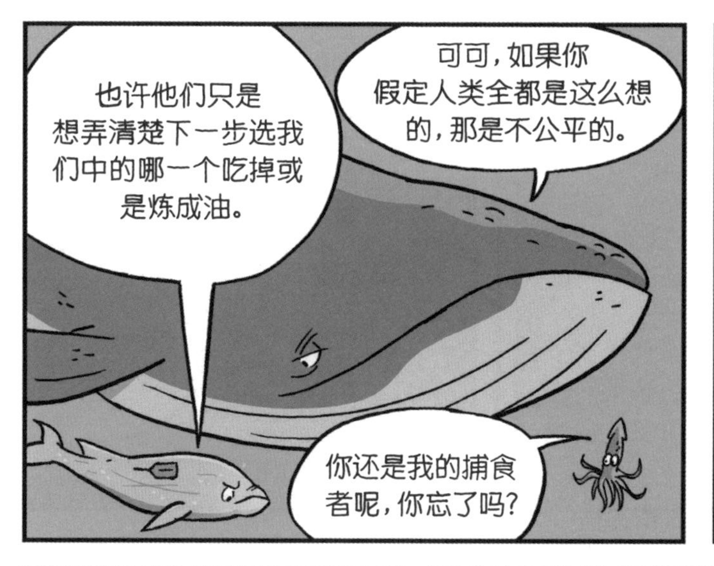

你如何看待事物取决于它在你生活中扮演的角色，以及你与它的关系。

有些人将鲸视为一种资源，而另一些人则非常尊敬你们。

许多人非常努力地营救搁浅的鲸。如果训练有素的专家能尽早到达鲸搁浅的地方，就可以以最小的伤害帮助鲸回到海洋中。

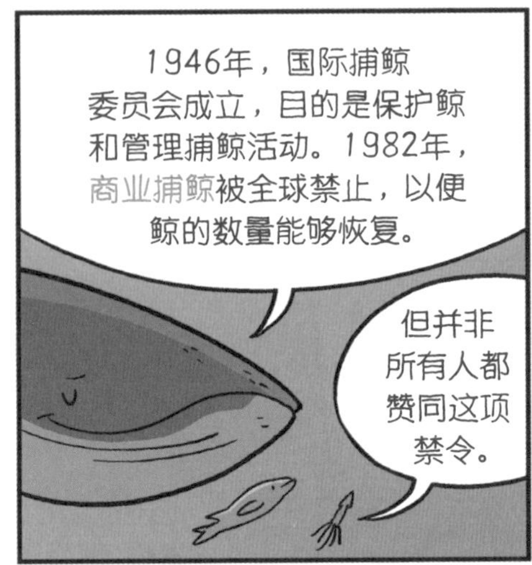

不同的人类群体、文化和国家对他们与鲸的关系有不同的看法。有些人认为应该以可持续的方式捕鲸，这样鲸就不会灭绝，但另一些人并不认同。

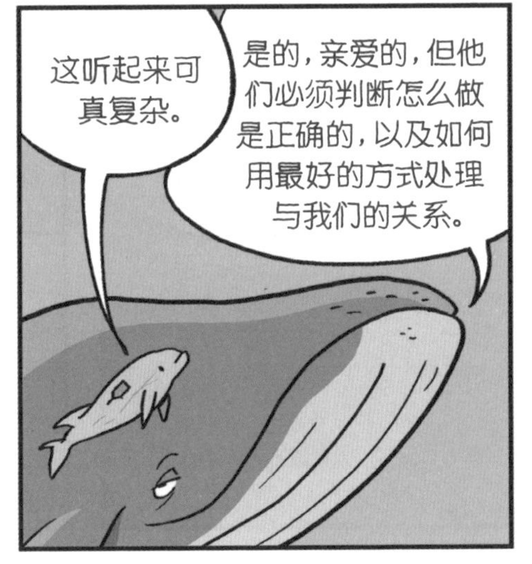

那些想深入了解我们的人
被称为鲸类专家。

他们会使用一些工具来尝试着解答疑问……

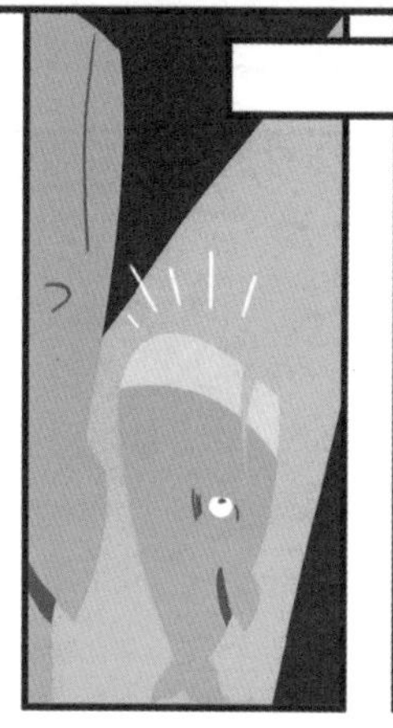

获得关于鲸的新发现……

科研船

来告知人们如何处理和鲸的关系。
你对他们了解得越多……

那些外星……我遇见
的人类，大家遇见的都是
鲸类专家吗？

是啊！他们一直在研究鲸！而且不仅仅是收集数据，还有你们的故事！
可可，就像你做“鲸可可专属音频”时采访鲸一样，有时光有事实和数字是不够的。故事能将人类和他们难以理解或相信的信息关联起来。
故事？

我希望人类能理解我们，我想相信他们。那我该讲什么故事好呢？
亲爱的可可，他们已经给你装上了水听器，他们想听你会说些什么……
想听你的故事。

我的故事……

好吧，嗯……
我想就从你们已经知道的地方开始吧。

噗！

吸！

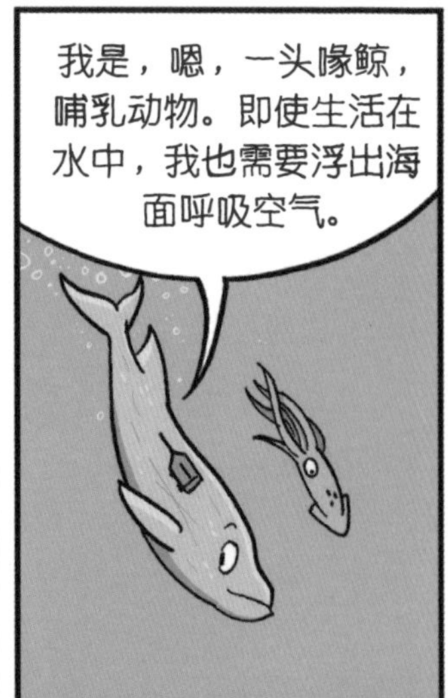
我是，嗯，一头喙鲸，
哺乳动物。即使生活在
水中，我也需要浮出海
面呼吸空气。

我会用很多种
声音来和群体中的
其他鲸交谈。
可可？
声音是鲸的
一切！
可可！

我是一头有牙齿
的鲸，一头齿鲸，我还
会用回声定位的咔嗒声
来寻找食物。
我主要
吃鱿鱼（除了
这一只）。

我比大多数其他
类型的鲸下潜得更深（约
3000米）、时间更长（单
次潜水可达3.5小时）。但
是，我更喜欢时间短、深度
浅的潜水，比如300米左
右，用时20分钟。

因为我的肌肉和血液中储存了大量氧气，
所以我可以屏住呼吸很久。

我潜水通常是为了觅食，食物中的能量会
储存在我的鲸脂中，这能让我保持合适的
体温。

虽然我，嗯，有牙
齿，但我是通过吸食和
整体吞咽来进食的。
吸溜！

差不多只有雄性
喙鲸才能长出牙齿。牙齿
也许是用来相互搏斗的，
目的是争夺雌性，或者
试图给雌性留下深刻
的印象……

我在我的生态系统中
扮演着各种角色。作为捕食者，
我捕捉鱿鱼，但我也可能成为
鲨鱼和虎鲸的猎物。

鲸是从陆地哺乳动物进化而来的，这些哺乳动物在始新世（约5000万年前）的时候逐渐适应了在海洋中捕食。

喙鲸（喙鲸科）出现在中新世早期（约2000万年前），在中新世中期物种数量增加。在比利时、秘鲁和南非都发现过喙鲸的化石。

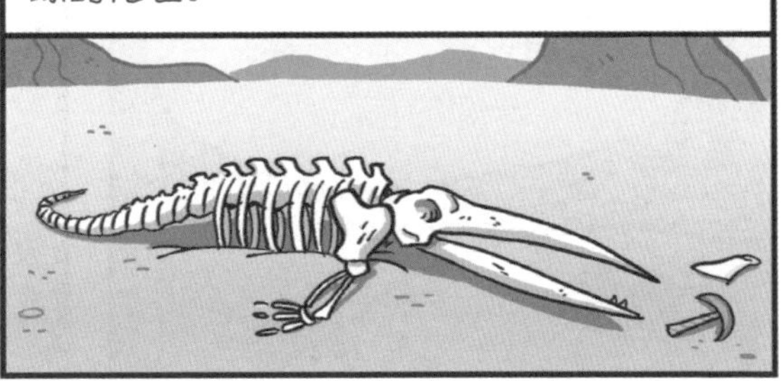

我想这就是我全部的背景资料了，我们再聊一些你们可能不知道的事情吧……

……

你们知道吗，起初我很害怕这趟冒险。虽然很兴奋，但我害怕未知的东西。

现在，我明白了未知也是好事！那是探索的机会！像你们一样，我学会了如何提问，如何倾听，如何从我所在的世界中学习！

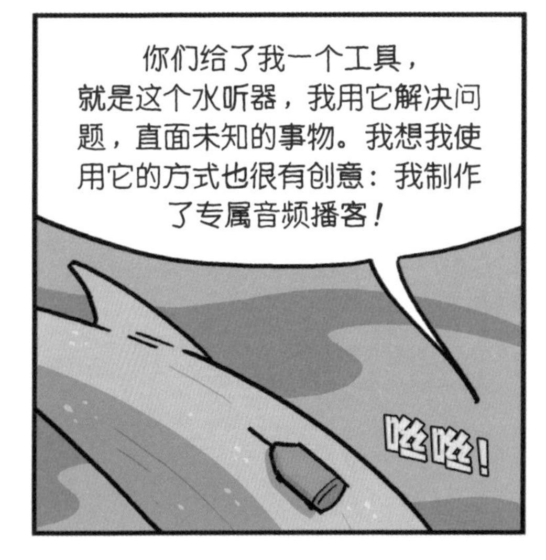
你们给了我一个工具，就是这个水听器，我用它解决问题，直面未知的事物。我想我使用它的方式也很有创意：我制作了专属音频播客！
嗞嗞！

和其他鲸交谈，询问一些关于你们的问题，让我对自己有了很多了解。
嗞嗞嗞！
我也了解了作为鲸的意义。

我认为，理解了你们是如何看待我的，让我明白了自己和其他鲸是如何融入这个世界的。即使人类和鲸之间的关系是……如此错综复杂。
咝咝！

有时世界是可怕而复杂的。我想我有点，嗯，因为恐惧而疏远你们。

啪！
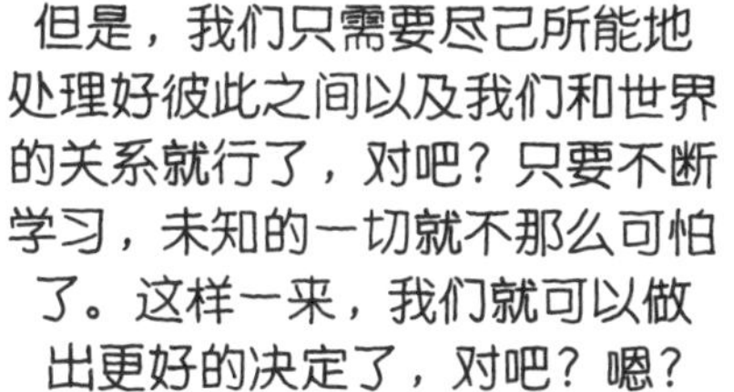
但是，我们只需要尽己所能地处理好彼此之间以及我们和世界的关系就行了，对吧？只要不断学习，未知的一切就不那么可怕了。这样一来，我们就可以做出更好的决定了，对吧？嗯？

哦，不！啊……
关于喙鲸，我们还有很多的东西没聊呢！

好吧，我想……
人类最终会弄明白的。

嘿，可可！
你去哪儿了啊？
哦！太疯狂了！
我遇到了人类，他们在我身上安装了一个水听器，后来……我到处旅行，与其他鲸交流它们是怎么遇到人类的！

什么？别胡说了，可可，外星生物是不存在的。
可可，人类只是传说而已。

但我真的遇到他们了！他们其实很常见。他们有巨大的充满噪声的船……
不然你们以为海洋垃圾是从哪儿来的呢？

可可，那只是一些奇怪的植物。
我听说所有的噪声都是由太阳黑子引起的。
太阳黑子？！

果然，有时候光有事实和数字还远远不够……

什么？
没什么。来吧，我有一个故事想讲给你们听……

— 鲸类词汇表 —

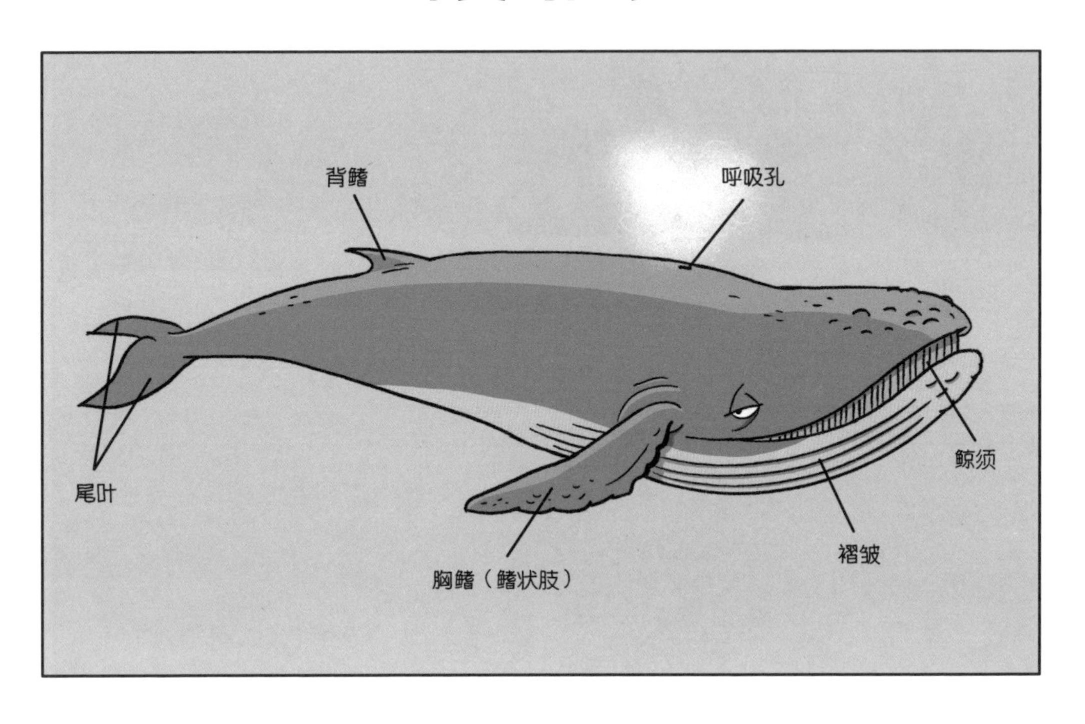

分类

齿鲸

和须鲸不同，长有牙齿。

鲸目

所有的鲸都在该分类之下。

须鲸

典型特征是有鲸须。

行为

甩尾

当鲸的身体大部分在水下时，用尾巴拍打水面。

跃身击浪

鲸的身体部分或者完全跃出水面，再重重地落回去。

发声

鲸歌

一些雄性须鲸发出的一长串具有固定模式的、重复的声音，其中雄性座头鲸的鲸歌最为有名。

咔嗒声

鲸的一种快速、高频的声音，主要用于回声定位，也用于沟通。

口哨声

某些种类的鲸会发出更长、更连续的高频声音，主要用于通信和身份识别。

脉冲呼叫

鲸在短时间内多次发出的高频声音。

— 人类影响词汇表 —

缠绕：鲸被渔具或绳索困住。鲸通常会拖曳绳索和渔具，弄伤皮肤。

船只撞击：人类的船撞到鲸。

兼捕：鲸等水生动物被渔网意外捕获的现象。

灭绝：一个物种在地球上消失了，称为灭绝。如果还存在一些个体，但不足以使整个物种恢复起来，则该物种被视为功能性灭绝。

气候变化：全球或区域气候模式的改变，特别是从20世纪中后期开始出现的显著变化，主要原因是化石燃料的使用导致大气中二氧化碳含量剧增。

人工饲养：从自然环境中捕获鲸等野生动物，将其养在人工环境中，比如海洋公园和水族馆。

商业捕鲸：为了出售鲸肉和其他鲸产品而捕杀鲸。过去，鲸油是商业捕鲸的主要产品。

生物放大：有些物质在生物体内的浓度随着食物链的向上延伸而逐渐增加，比如毒素和塑料颗粒。

噪声：人类发出的大的、非自然的声音，它们可能会惊扰到鲸，盖过鲸用于交流的声音，并损害其听力。

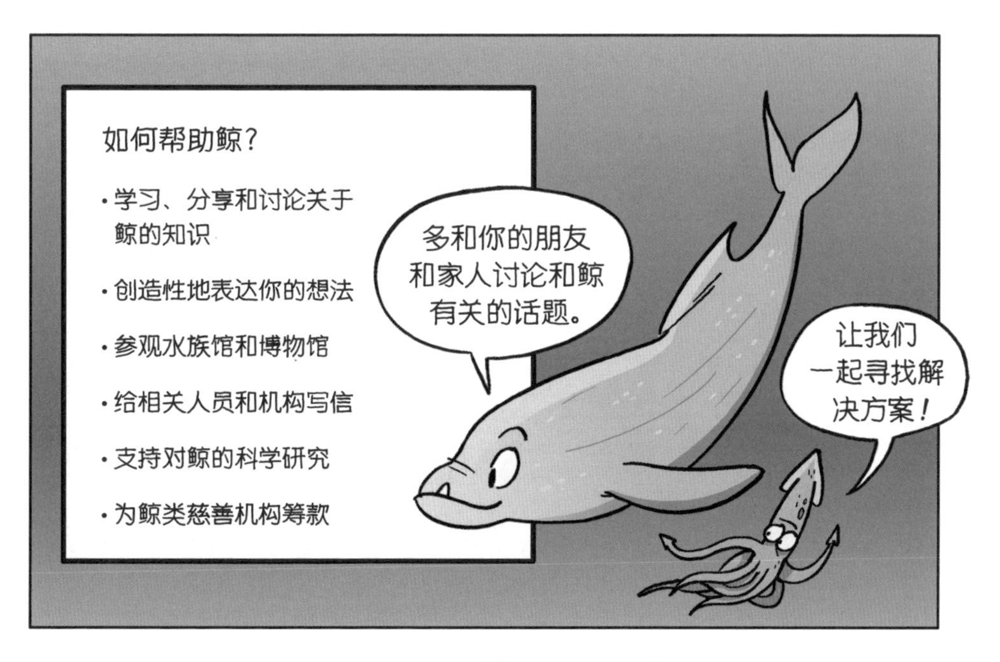

你能想象有数百万头鲸畅游其中的海洋吗？

距今仅仅100
多年前，它真
的存在过……

—注 解—

第4页：可可身上装着的是一个DTAG标签，这个标签是用吸盘固定在鲸身上的。标签里有一个水听器（一种水下麦克风），还有一组传感器，用来测量鲸的移动方式和所在深度。

第6页：并非所有种类的鲸都能发出不同的声音，这取决于每种鲸特有的解剖结构和习性。

第29页：关于须鲸如何定位猎物，我们知之甚少。这里的假设建立在它们依赖更多感官的基础上，但这个想法很难检验！

第54页：并非所有食肉动物都是食肉目的成员，食肉目是一个类群（动物的一个特定的进化分支）。同样，并非所有食肉目的成员都是食肉动物（想想大熊猫，它们几乎只吃竹子）。我知道，这让人很困惑。

第84和85页：请记住，在不同的半球，季节出现的时间是不同的！当北半球是春天的时候，南半球是秋天，反之亦然！

第95页：尽管差点被吃掉，但艾艾因为好奇而一直跟着可可。为了这个故事，可可和艾艾的旅行距离远远超出了正常范围，但这正是冒险的特点之一！

第109页：在本书的这个故事中，柯氏喙鲸可可与不同的鲸交流，包括自己群体中的其他成员。但是，到目前为止，科学家们只记录到了柯氏喙鲸进食时发出的声音。